江苏省“十四五”农村水利规划丛书

江苏省“十四五”农村生态河道建设规划

JIANGSU SHENG SHISIWU
NONGCUN SHENGTAI HEDAO JIANSHE GUIHUA

江苏省水利厅◎编著

河海大学出版社
HOHAI UNIVERSITY PRESS
·南京·

图书在版编目(CIP)数据

江苏省"十四五"农村生态河道建设规划 / 江苏省水利厅编著. -- 南京 : 河海大学出版社，2021.6
(江苏省"十四五"农村水利规划丛书)
ISBN 978-7-5630-7081-7

Ⅰ. ①江… Ⅱ. ①江… Ⅲ. ①农村－河道整治－环境保护规划－江苏－2021－2025 Ⅳ. ①TV85

中国版本图书馆 CIP 数据核字(2021)第 127431 号

书　　名	江苏省"十四五"农村生态河道建设规划
书　　号	ISBN 978-7-5630-7081-7
策划编辑	朱婵玲
责任编辑	金　怡
责任校对	彭志诚
装帧设计	徐娟娟
出版发行	河海大学出版社
地　　址	南京市西康路 1 号(邮编:210098)
电　　话	(025)83737852(总编室)　(025)83722833(营销部)
经　　销	江苏省新华发行集团有限公司
排　　版	南京布克文化发展有限公司
印　　刷	南京工大印务有限公司
开　　本	787 毫米×1092 毫米　1/16
印　　张	7.25
字　　数	130 千字
版　　次	2021 年 6 月第 1 版
印　　次	2021 年 6 月第 1 次印刷
定　　价	43.00 元

《江苏省“十四五”农村水利规划丛书》
编辑委员会

序

江苏地处我国东部，滨江临海，河湖众多，水系发达，是全国唯一拥有大江大河大湖大海的省份。全省平原面积占68.8%，丘陵山区占14.3%，河湖水域占16.9%，素有“水乡”之称。由于河湖众多，治理管理任务重、压力大，又因江、淮、沂、沭、泗诸河约200万平方公里客水过境入海，历史上一直是洪、涝、旱、渍、风、暴、潮灾害频发的多灾之邦，水多、水少、水脏、水浑问题一直伴随着江苏水利发展。

新中国成立以来，江苏开展了大规模的农村水利建设，从治理洪水入手，发展到治涝治旱、防渍降渍、节水灌溉、生态修复；从工程水利到资源水利、生态水利、智慧水利，江苏农村水利经历了从传统水利到现代水利的巨大转变。特别是“十三五”以来，江苏认真贯彻“节水优先、空间均衡、系统治理、两手发力”的新时期治水方针，通过实施农田水利基础设施提档升级，推进现代农业提质增效；坚持城乡供水一体化，提升农村居民饮水质量；综合整治农村水环境，启动生态河道建设，打造美丽宜居水美乡村；全面深化改革，激发内生动力，不断提升农村水利可持续发展能力和水平。全省农业抗灾能力、粮食生产能力、农村供水保障能力和水资源利用效率不断提升，为全省高水平全面建成小康社会，为建设美丽江苏、率先实现社会主义现代化走在前列奠定了坚实基础。

“十四五”时期是开启全面建设社会主义现代化国家新征程的第一个五年，也是全面推进乡村振兴战略、加快农业农村现代化的关键五年，对标高质量发展和水利现代化要求，全省各地农村水利发展不平衡不充分的情况依然存在，建设、改革、发展的任务依然繁重而艰巨。为认真贯彻落实习近平总书记对江苏工作的重要指示要求，深入贯彻党中央国务院及省委省政府决策部署，准确把握“强富美高”新江苏建设总体布局，为科学描绘农村水利现代化发展新蓝图，加快推进江苏农村水利高质量发展，更好地服务乡村振兴战略实施，促进农业农村现代化，江苏省水利厅在系统总结“十三五”全省农村水利建设、改革与发展以及深入分析新形势、新要求的基础上，组织编著了《江苏省“十四五”农村水利规划丛书》，形成“521”规划体系，即5个“十四五”发展专项规划、2个灌区建设中长期规划、1个灌区信息化方案，共8个分册：

《江苏省“十四五”大型灌区续建配套与现代化改造规划》

《江苏省“十四五”中型灌区续建配套与节水改造规划》

《江苏省“十四五”农村供水保障规划》

《江苏省“十四五”农村生态河道建设规划》

《江苏省“十四五”水土保持发展规划》

《江苏省大型灌区续建配套与现代化改造规划(2021—2035)》

《江苏省中型灌区续建配套与现代化改造规划(2021—2035)》

《江苏省智慧大中型灌区软件平台系统实施方案(2021—2023)》

上述规划均经江苏省水利厅审议通过，其中供水保障规划是按水利部统一部署编制的，与生态河道规划一道列入省经济社会发展“十四五”规划之136项专项规划体系。

为加快农村水利发展、服务和支撑乡村振兴，推动农村水利工作走向法治化，2020年，经充分调研、广泛协调，制定了全国第一部地方农村水利法规《江苏省农村水利条例》，并于2021年2月1日正式施行，为全省农村水利提供了坚实的法治保障。为落实好条例精神，经江苏省人民政府同意，江苏省水利、发改、财政、农业农村、自然资源、生态环境、住房建设等七个部门联合出台《关于切实加强农村水利建设与管护工作的意见》，其各项目标与建设任务，均由本丛书作支撑。

本丛书结合新形势、新要求、新规定，构建了与现代农业农村相适应，功能齐全、布局合理的工程保障体系，职责明确、服务到位的运行管护体系以及规范有效、务实管用的行业监管体系，不断提升农村水利服务农村经济社会发展和保障民生的能力，可作为“十四五”时期乃至2035年全省农村水利规划设计、工程建设、运行管理、改革发展的重要依据。

在此开启新征程、迈进“十四五”之际，谨以本丛书向中国共产党建党一百周年献礼！

在丛书编写过程中，主要参编单位江苏省水利厅农村水利与水土保持处、江苏省农村水利科技发展中心、江苏省水土保持生态环境监测总站等单位、部门领导及相关专家给予了关心和支持，河海大学出版社朱婵玲老师在丛书布局、质量把关和编撰进度等多方面给予悉心的指导和帮助，在此一并表示诚挚的感谢。

受作者水平所限，书中不妥或错误之处，敬请广大读者谅解并予以指正。

2021年3月20日

前言

党的十九大作出了新时代中国特色社会主义发展新的战略安排，擘画了到二十一世纪中叶分两步走、建成富强民主文明和谐美丽的社会主义现代化强国的宏伟蓝图，将实施乡村振兴战略作为全面建成小康社会、全面建设社会主义现代化国家的重大历史任务。农村河道作为农村重要的基础设施，不仅承担着防洪排涝、灌溉农田、保障农村饮用水源等重要功能，而且是改善农村生态环境、展示美丽乡村的重要载体。自2003年江苏省全面部署开展县乡河道疏浚以来，通过了六轮规划的实施，农村河道灌排功能得到有效提升，生态环境得到明显改善，为促进“三农”发展，确保粮食安全，改善农村环境发挥了十分重要的作用。开展农村生态河道建设，是深入贯彻习近平生态文明思想、推进乡村振兴战略、加快实现经济社会高质量发展、建设美丽江苏的需要，也是农村水利现代化建设、提高农业综合生产能力的基础保障和重要措施。

按照《关于开展“十四五”农村生态河道建设规划编制工作的通知》要求，省水利厅于2020年3月启动规划编制工作，下发通知布置各地编制县级“十四五”农村生态河道建设规划，由设区市水利部门组织审查并向本级人民政府报批，省级在县级规划的基础上汇总形成《江苏省“十四五”农村生态河道建设规划》(以下简称《规划》)。

《规划》从推进乡村振兴战略的大局出发，坚持生态优先、绿色发展理念，全面评价了“十三五”以来全省县乡河道疏浚整治发展状况，客观分析了现阶段农村河道存在的诸多问题，系统阐述了实施农村生态河道建设的重大意义，研究提出今后五年生态河道建设的指导思想、基本原则、规划思路、建设标准、目标任务，明确了建设重点，并通过典型分析，初步提出投资估算和年度计划安排，为今后五年江苏省农村河道建设提供较为可靠的规划依据。

《规划》范围为全省75个农业县(市、区)的县乡级河道和南京江北新区、省农垦集团农场、省监狱农场的农村河道。规划基准年为2019年，水平年为2025年。《规划》注重与《江苏省农村河道轮浚整治及生态建设规划》(2018—2022)的衔接，提出2021至2025年建成7 353条生态河道，其中县级河道756条，乡级河道6 597条，到2025年，全省农村生态河道数量占县乡河道总数量的40%以上，初步实现“河畅、水清、岸绿、景美”的综合整治目标。

目录

0 综合说明

0.1 全省河道综述 003
0.2 疏浚整治综述 003
0.3 指导思想和原则 004
0.4 规划目标 005
0.5 建设任务 005
0.6 典型测算 008
0.7 投资估算 008
0.8 效益分析 008
0.9 保障措施 009

1 基本情况

1.1 自然概况 013
1.2 社会经济 014
1.3 农业生产 014
1.4 水系概况 014

2 河道现状

2.1 划分标准 019
2.2 基本情况 019

2.3 主要问题 032
2.4 形势分析 033

3 总体规划

3.1 指导思想 039
3.2 基本原则 039
3.3 规划目标 040
3.4 规划依据 040
3.5 规划思路 042
3.6 建设标准 044

4 重点任务

4.1 水系连通 049
4.2 清淤疏浚 049
4.3 岸坡整治 050
4.4 堤防加固 058
4.5 景观设施 058

5 河道管护

5.1 管护原则 063
5.2 管护机制 063
5.3 管护模式 063
5.4 管护措施 064

6 投资估算

6.1 投资估算 067
6.2 资金筹措 068
6.3 实施计划 069

7 效益分析

7.1 效益分析 073
7.2 环境评价 074

8 保障措施

8.1 组织领导 077
8.2 资金投入 077
8.3 监督考核 078
8.4 群众参与 078

附件 典型设计

1 铜山区郭集大沟 081
2 金坛区儒林中河 084
3 太仓市仗义泾 087
4 淮安区北渔滨河 089
5 洪泽区北和平沟 094
6 高邮市东大河 097

后记 101

0

综合说明

0.1 全省河道综述

江苏省地处江淮沂沭泗流域下游，境内湖泊众多，河网密布，水系发达，河湖水域占 16.9%，素有“江南水乡”之美誉。江苏省河道主要承担着行洪、排涝、引水、灌溉、航运、生态景观等综合功能。按其主要功能、汇水面积和河道过水能力等分为 8 个等级，流域性河道为一级、二级河道，区域性骨干河道为三级、四级河道，其他重要河道为五级、六级河道。按照《江苏省骨干河道名录》流域性河道中划定一级河道 11 条、二级河道 22 条；区域性骨干河道中划定三级河道 49 条、四级河道 74 条；跨县重要河道中划定五级河道 148 条、六级河道 52 条；县域重要河道中划定五级河道 163 条、六级河道 204 条。

县乡河道属七级、八级河道，是县域内基本骨干河道，直接为农业生产、农民生活服务。据统计，全省共有县级河道 2 087 条，乡级河道 19 445 条，县乡级河道与流域性河道及区域性骨干河道共同构成了江苏省农村水系的骨干网络。截至 2019 年底，全省县乡级农村河道淤积总量达到 8.39 亿 m^3，其中县级河道淤积土方量 3.09 亿 m^3，乡级河道淤积土方量 5.30 亿 m^3。

0.2 疏浚整治综述

自 2003 年始，江苏省以县为单位陆续制定了 2003—2007 年县乡河道疏浚规划、“十一五”县乡河道疏浚规划、“十一五”村庄河塘疏浚整治规划、2011—2012 年农村河道疏浚整治规划、2013—2015 年农村河道疏浚整治规划、“十三五”县乡河道轮浚整治规划、江苏省农村河道轮浚整治及生态建设规划等一系列农村河道建设规划，经各县(市、区)人民政府批准后组织实施。十余年来，通过疏浚淤泥，拆除坝埂，岸坡防护，配套桥涵等工程措施，既沟通了水系，改善了水质，又提升了引排功能，改善了村庄环境，取得了“疏浚一条河道，盘活一方水系，复垦一片土地，增加一片林地，整治一村环境”的综合效益，受到农村广大干部群众的真心拥护。

通过多年治理，农村河道清淤等工作已经取得较好成效，但各地在推进城乡建

注：1. 本书计算数据或因四舍五入原则，存在微小数值偏差。

2. 本书所使用的市制面积单位“亩”，1 亩≈666.7 m^2。

设过程中，发现仍有不少河道被堵塞、填埋，成了断头河、黑臭河；大量化肥、农药流入沟河，面源污染严重；农村生态垃圾缺乏有效统一管理，乡镇企业、农民生活污水无节制排放，影响河体水质。上述原因导致河道淤积、水质恶化、生态退化等现象仍然存在，一定程度上破坏了农村河道水生态系统。

0.3 指导思想和原则

指导思想：坚持以习近平新时代中国特色社会主义思想为指导，全面贯彻党的十九大和十九届二中、三中、四中、五中全会以及习近平视察江苏重要指示精神，紧紧围绕乡村振兴战略部署要求，牢固树立生态优先、绿色发展理念，以恢复农村河道基本功能、提高水安全保障能力、改善水生态环境状况为目标，坚持系统思维，强化问题导向，加大水环境治理和水生态修复力度，着力构建“互联互通、引排顺畅、水清岸洁、生态良好”的农村河网水系，改善农村人居环境，为建设美丽江苏提供有力的水利支撑和基础保障。

规划原则：(1) 坚持以人为本，保障民生。把人民对美好生活的向往作为奋斗目标，加快补齐农村水利基础设施短板，大力推进农村生态河道建设，完善农村防洪排涝减灾体系，改善农村生产生活条件和人居环境。(2) 坚持生态优先，绿色发展。坚持生态优先、保护优先、恢复自然为主的方针，体现人与自然和谐相处的治水理念，尽可能保持自然状态下的河流形态，修复河道生态，维护河流健康。(3) 坚持问题导向，系统治理。坚持把解决突出水问题作为建设重点，解决乡村河道功能衰减、水域岸线侵占、水环境恶化等问题，统筹兼顾、整体施策，着力推进河道疏浚、畅通引排、岸坡整治、生态修复、长效管护等措施。(4) 坚持示范引领，有序推进。充分借鉴各地先进经验，优先实施一些问题突出、需求迫切、地方积极性高的项目，形成可复制、可推广的治理模式，示范引领全省推进农村生态河道建设。(5) 坚持创新机制，强化管护。创新农村河道管护机制，充分发挥河长制平台的作用，落实管护主体和责任，引入市场机制，通过公益岗位吸纳贫困群众参与农村河道保洁维护，保证河道整治成效的持续性。

0.4 规划目标

适应河道安全性、自然性、生态性的要求，恢复和拓展河道行洪、排涝、引水、灌溉、航运、生态、景观等综合功能，实现“水流通畅、水体清澈、岸坡绿化、景色优美”的建设目标，重现富有“江南水乡”特点的江苏水韵新特色。到2025年，规划全省农村生态河道数量占县乡河道总数量的40％以上。

水流通畅：通过河道清淤疏浚、畅通水系、岸坡整治、堤防加固、河岸生态修复等措施，彻底消灭农村河道的断头河（浜），理顺河网水系，保持河势与岸坡稳定，使河道水流通畅。

水体清澈：通过综合整治，结合河道两岸污水处理、垃圾集中清运等措施，使水面洁净、无漂浮物，河道水质逐步改善，满足水功能区水质要求。

岸坡绿化：河岸边坡以植物护坡等生态修复为主进行治理建设，宜草则草、宜树则树，搞好水土保持，实现河道环境面貌焕然一新。

景色优美：维护河流的整体性、连续性与自然风貌的多样性，恢复和保持河道的自然特色，同时挖掘水文化的底蕴，打造水景观，使农村河道成为一条亮丽的景观带。

0.5 建设任务

1）总体思路

按照不同地区、不同土质、不同河道功能需求，坚持因地制宜，系统治理，在防污控污、消除黑臭的前提下，通过清淤疏浚、水系连通等措施，恢复河道引排能力，改善水体流动性；尽量保留河道天然形态及断面，控制截弯取直，避免河道断面单一化；河道护岸刚柔结合，在满足强度要求的情况下，选取具有较好透水性、有利于水体交换、适宜动植物生长的生态亲和性材料；从适宜生物栖息的角度出发，构建适宜生物栖息及繁殖的生境条件；利用河道两侧现有植被，合理配置不同习性的植物，营造植物群落结构及生态景观多样的植物带；同时注重建筑物的合理调度，使上下游、内外河有效沟通和水体交换。通过农村生态河道建设，河道水系格局逐渐完整，水体流动性显著增强，河道岸坡整洁、河面清洁，满足防洪、排涝、灌溉、引水、航运等功能需求和生态需求。

2）治理标准

为推动生态河道建设标准化，在总结省内外经验的基础上，从“河畅、水清、岸绿、景美”和河道管护等五个方面提出15项细化评判指标，并对部分指标具体内涵提出量化内容，供各地在河道规划、建设中参考使用。

3）分区治理模式

平原区河道。平原区河道整治，必须首先确保防洪除涝安全，本着蓄泄兼筹、因地制宜的原则，在上游地区加以拦蓄的基础上，采用疏浚河道、整治堤防、下游建闸站等综合措施，解决洪涝问题。在生态河道建设中要注重水系连通，确保河道流速，增强河流的流动性；打通断头河(浜)，加大卡口段治理力度；建立轮浚机制，加快排水速度，增强拦蓄能力。对于平原沙土区河道，要加大河道岸坡的整治力度，强化水土保持措施，采用工程措施与非工程措施相结合的方式，加强河道综合整治。

圩区河道。该区域外围有相对封闭的圩堤，由圩口闸和泵站对水系进行控制调节。这一地区生态河道建设要求系统整治圩内河网，理顺河网体系，同时配套灌排控制建筑物，确保各级河道引排自如；要求严格控制联圩并圩和新建圩堤，控制围占圩外水面和封闭圩外河道，通过退渔还湖等措施恢复和提高圩内水面率，增加圩内调蓄能力；注重堤防加固，保障圩区安全，通过闸站加大内外河道的沟通和水体的交换，增加水体流动性，提高纳污能力，改善水质条件，同时要注重保持生物多样性。

山丘区河道。该区域地势高低起伏，河道比降较大，水流较急，通常短时间内易形成洪涝灾害。在生态河道建设中，要坚持以小流域为单元，强化梯级控制，确保生态基流，通过岸坡整治，防止冲刷，减少水土流失，健全蓄、引、提、调相结合的“长藤结瓜”工程体系，拦截山洪至山丘水库、塘坝集蓄或分泄至骨干泄洪河道，达到涵养水源，改善生态的目的。

4）分类治理模式

防洪排涝功能为主河道。防洪排涝河道治理的重点以河势稳定、堤防加固为主，以生态绿化为辅。保证河流的行洪排水能力，满足设计暴雨时的过水断面，统筹考虑河道堤防建设、河道清淤、阻水建(构)筑物拆除、安全管护设施建设等综合措施，解决水系不通，淤积堵塞，堤防不达标的问题。有防洪任务的河道设计洪水位可根据实测年最高洪水位系列进行频率分析后确定，或根据设计洪峰流量通过分析河道冲淤变化后的水位流量关系确定。有排涝任务的河道设计排涝流量宜按确定的设计排涝标准根据设计暴雨间接推算。主要工程措施有：清淤疏浚、河道清障、岸坡整治、堤防加固等。

灌溉引水为主河道。以灌溉引水为主的河道，在满足水量水质需求的同时，还要使工程结构对水流的流量、流速、冲淤平衡、环境外观等影响最小，要创造动物栖息及植物生长所需要的多样性空间，营造宜宽则宽、宜弯则弯、宽窄交替、急流缓流并存的自然型河道。其设计水位宜按相应于灌溉设计保证率的水位选取，也可取多年灌溉期枯水位的平均值。主要工程措施有：岸坡整治、堤防加固、生态系统修复等。

生态功能为主河道。该类河道位于经济比较发达，工农业生产活动频繁，人口密集，河流水质相对较差的地区，河道治理的重点是控制减少入河污染物的数量，提高河流水体的连通性与流动性，增加水体的纳污容量和提升自净能力，改善河流水质和恢复水生物多样性。主要工程措施有：清淤疏浚、水系沟通、河道清障、生态系统修复、截污治污等。

5）工程措施

本规划体现生态优先、绿色发展的理念，本着先疏浚、后整坡，先生态、后景观，先机制、后建设的原则，以河流水系为整体统筹考虑综合治理措施，着力实施河道疏浚、岸坡整治、堤防加固、绿化植被、景观设施、河道管护以及其他工程等量化任务。

2021—2025 年，建设 7 353 条生态河道，其中县级河道 756 条，乡级河道 6 597 条；水系连通 436 km，新增建筑物 4 539 座；疏浚县乡级河道 2.42 万 km，疏浚土方量 3.57 亿 m^3；生态护岸整治 30 170 km，其中县级河道 6 222 km，乡级河道 23 948 km，整治类型中植物措施防护 22 385 km，生态混凝土防护 3 868 km，木桩防护3 330 km，其他类型防护 587 km。新增污水处理设施 1 539 处，植树 2 176 万株，新增岸坡绿化面积 18 212 万 m^2，新增景观设施 2 118 处。

规划实施后，到 2025 年全省农村生态河道可达 10 489 条，占全省县乡级河道总数的 49%，超过规划提出的全省农村生态河道数量占县乡河道总数量的 40%以上的目标。

0.6 典型测算

为测算不同地区、不同类型河道建设投资，本《规划》选取铜山区郭集大沟、金坛区儒林中河、太仓市仗义泾、淮安区北渔滨河、洪泽区北和平沟、高邮市东大河等6条河道作典型设计，提出单位长度的工程投资量，并据此初步估算全省农村河道轮浚和生态建设总体投资。

0.7 投资估算

规划总投资265.84亿元。其中，县级生态河道投资87.23亿元：水系连通工程投资10.48亿元，清淤疏浚工程投资11.12亿元，岸坡整治投资40.68亿元，堤防加固工程投资7.28亿元，绿化植树投资11.44亿元，长效管护投资1.26亿元，其他4.97亿元；乡级生态河道投资178.61亿元：水系连通工程投资14.38亿元，清淤疏浚工程投资20.81亿元，岸坡整治投资101.22亿元，堤防加固工程投资4.08亿元，绿化植树投资22.13亿元，长效管护投资2.98亿元，其他13.01亿元。

0.8 效益分析

农村生态河道建设将产生显著的防洪、除涝、灌溉经济效益。通过本项目的实施，全省预计改善灌溉面积1 325万亩，改善除涝面积2 004万亩。同时，还将发挥供水、航运、养殖等多方面综合经济效益。

农村生态河道建设还将有效提高农村公共基础设施保障水平，减少用水矛盾，改善农村面貌，提高群众生活质量，改善投资环境，保障农村经济社会的稳定发展和人民正常的生活生产秩序，促进城乡统筹发展。同时，通过生态建设，将使河道无水变有水，浅水变深水，死水成活水，河道水质提高，岸坡整洁，绿树成荫，可有效提高农村水资源承载能力，保障生态用水，保护生态资源，改善区内的生态环境，促进农村生态环境向良性循环方向发展。

0.9 保障措施

一是加强组织领导。农村河道全面落实河长制，组织开展农村河道的划界工作，依法对本行政区域内的农村河道划定管护范围。编制县级农村河道管护规划，加强河道的安全检查和维修养护，积极培育农村河道维修养护市场，提高河道管护效能。二是加大资金投入。加快建设政府主导、市场运作、社会参与的多元投入机制；同时引进市场化竞争机制，建立“河道管家”等更为专业的河道管理队伍，以保证河道管理工作全面落实展开。三是强化监督考核。制定农村生态河道建设工作考核办法，建立联合监督检查、考核评价和问责问效机制，并强化考核结果的运用。四是引导群众参与。总结各地生态河道建设成功经验，通过典型引路、宣传引导，积极推进全省农村生态河道建设。加强生态河道建设的宣传力度，充分利用电视、网络、报纸、微信等媒介，引导社会各界积极参与农村生态河道治理和管护。

1 基本情况

1.1 自然概况

1.1.1 地形地貌

江苏省地处长江、淮河流域下游，东临黄海，西连安徽，北与山东接壤，东南与浙江、上海毗邻，介于东经116°21′～121°56′，北纬30°45′～35°08′之间。总面积10.72万km^2，耕地面积6 894万亩。

全省地势西北高、东南低。境内平原面积约占68.8%，主要由黄淮平原、江淮平原、滨海平原及长江三角洲平原组成，地面高程大部分在5～10 m，地势最高的微山湖湖西地区，高程在35 m左右，地势低洼的里下河及太湖水网地区，最低高程在0 m左右；丘陵山地占14.3%，大多为邻省山脉的延伸部分，集中在北部和西南部，主要有云台山脉、老山山脉、宁镇山脉、茅山山脉、宜溧山脉，高程一般在200 m以下；河湖水域占16.9%，素有“水乡”之称，水面所占比例之大，在全国各省（市、自治区）中居首位。

1.1.2 水文气象

江苏省属暖温带向亚热带过渡区，大致以淮河—灌溉总渠为界，南部属湿润的亚热带气候区，北部属半湿润的暖温带气候区。全省气候温和，雨量适中，四季分明，南北气候差异较大，全省年平均气温为13～16 ℃。

全省多年平均降水量800～1 100 mm，但时空分布不均，全年70%左右的降水量集中在汛期5—9月份。年均降水量在区域分布上自东南向西北递减，其中淮北地区多年平均降水量为850 mm、苏中地区为950 mm、长江两岸为1 050 mm，降水量峰值区为宜兴丘陵地带，年均高达1 150 mm。全省自然水体年均蒸发量为950～1 100 mm，陆面蒸发量为600～800 mm，与降水量相反，自南向北递增。特定的地理位置和气候特点，决定了江苏是一个水旱灾害发生概率极高的省份。

1.1.3 土壤植被

江苏土壤种类繁多，根据利用特点，可归纳为水田土壤、旱地土壤、林地土壤及荒地土壤等四大类。水田土壤主要分布在灌溉总渠以南，随着淮北地区旱改水的发展，该类土逐步向北扩大，包括黄泥土、淤泥土、青泥土、黄白土及盐沙土等类型；旱地土壤主要分布于淮北地区、沿海垦区和通南高沙土地区，包括黄潮土、砂姜黑土、棕潮土、灰潮土、包浆土、黄僵土及黄刚土等类型；林地土壤主要有棕壤、淋溶褐土、黄棕土及黄壤等，分布于丘陵地区；荒地土壤主要有沼泽土和滨海盐土，沼泽土分布于湖荡洼地，滨海盐土主要是海堤内外的重盐土。

1.2 社会经济

截至2019年底，江苏省设13个省辖市96个县(市、区)，其中农业县(市、区)75个，全省常住人口8 070万人，城镇人口5 698.23万人，城镇化水平70.61%。2019年全省实现GDP9.96万亿元，人均GDP12.3万元，全年完成一般公共预算收入8 802.4亿元，三次产业增加值比例为4.3∶44.4∶51.3。

1.3 农业生产

江苏是著名的“鱼米之乡”，农业生产条件得天独厚，农作物、林木、畜禽种类繁多，种植林果、茶桑、花卉等品种260多个，蔬菜80多个种类1 000多个品种。2019年，全省农业生产稳中有增，全年粮食总产量达3 660.3万t，比上年增产49.5万t，总产居全国第六位。其中夏粮总产1 326.4万t，秋粮总产2 333.9万t。全年粮食作物播种面积8 213.9万亩，油料作物种植面积238.6万亩，蔬菜瓜果种植面积2 137.5万亩。

1.4 水系概况

江苏滨江临海，河湖众多，水网密布，大部分地区水系发达，其中长江以南的太湖平原和长江以北的里下河平原尤其为大面积的水网密集地带。全省以仪六丘陵经江都、通扬运河至如泰运河一线为分水岭，分为长江、淮河两大流域和长江、太湖、淮河和沂沭泗四大水系。

沂沭泗水系，境内面积2.59万km^2，可分为沂河(新沂河)、沭河(新沭河)、中运河等干河水系，以及南四湖湖西、骆马湖以上中运河两岸、沂北(含沭北)、沂南、废黄河等区域性水系。上游来水由沂河、沭河、邳苍分洪道、中运河等主要河道及南四湖、骆马湖、石梁河水库调蓄后，由新沂河、新沭河排泄入海。

淮河水系以仪六丘陵经江都、328国道至如泰运河一线与长江流域分界，北以废黄河与沂沭泗水系分界，境内面积3.82万km^2，可分为洪泽湖周边及以上、白马湖高宝湖、渠北、里下河等区域性水系。淮河上中游来水入洪泽湖，经调蓄主流由淮河入江水道借江归海，其他经淮河入海水道、苏北灌溉总渠、废黄河或相机经淮沭河借道新沂河等排泄入海。里下河区域由射阳河、黄沙港、新洋港、斗龙港、川东港等主要河道独立入海。

长江水系境内面积1.91万km^2，可分为石臼湖固城湖、秦淮河、滁河和江北等区域性水系。长江南岸茅山山脉以东、宜溧山地以北为相对独立的太湖水系。石臼湖固城湖水系，境内有石臼湖、固城湖，由天生桥河连接秦淮河水系，由胥河连接太湖水系；秦淮河水系，上游有句容河、溧水河两源，秦淮河干流至东山又分为秦淮新河和外秦淮河两支分别入江；滁河是长江下游北岸的一条支流，境内由驷马山河、马汊河等分流入江。

太湖水系境内面积1.94万km^2，以太湖为中心，湖西南河水系、洮滆水系等主要向东注入太湖；武澄锡虞、阳澄淀泖、浦南等区域性水系主要经内部河网和望虞河北排入江、太浦河东排黄浦江入海；江南运河穿越腹地。

除了天然河流以外，江苏的人工河道也极为众多。其中京杭大运河纵贯南北达718 km，全省有8座地级市均位于京杭大运河沿线。此外，著名的人工河道还有苏北灌溉总渠、新沂河、通扬运河等。江苏也是中国淡水湖泊最为集中的省份之一，有大小湖泊290多个，全省湖泊总面积达到6 853 km^2，湖泊率为6%，居全国之首。其中面积超过1 000 km^2的湖泊有太湖（2 250 km^2）和洪泽湖（2 069 km^2），分别名列中国五大淡水湖的第三和第四位。面积在100～1 000 km^2的有高邮湖、骆马湖、石臼湖、滆湖、白马湖和阳澄湖；面积在50～100 km^2的有长荡湖、邵伯湖、淀山湖、固城湖。这些湖泊不仅是重要的水源地和各种水产品的产地，而且拥有重要的航运价值，对于地势低洼的江苏省，其在调蓄洪水方面也起到重要的作用。

根据水系、地形和洪涝特点，全省划分为17个水利分区。沂沭泗水系划分为南四湖湖西地区、骆马湖以上中运河两岸地区、沂北地区、沂南地区4个分区；废黄河地区为独立排水区；淮河水系划分为洪泽湖周边及以上地区、渠北地区、白马湖宝应湖地区、里下河地区4个分区；长江水系分为苏北沿江地区、滁河地区、秦淮河地区、石臼湖固城湖地区 4 个分区；太湖水系分为太湖湖西区、武澄锡虞区、阳澄淀泖区、浦南区 4 个分区。

全省河道按主要功能、汇水面积和河道过水能力等分为八个等级。流域性河道分为一级河道、二级河道；区域性骨干河道分为三级河道、四级河道；跨县重要河道和县域重要河道分为五级河道、六级河道；县乡内部河道分为七级河道、八级河道。全省现有骨干河道数量 723 条，其中流域性河道 33 条，区域性骨干河道 123 条，跨县重要河道 200 条，县域重要河道 367 条。

县乡河道构成县域内部基本河网，直接为农业生产、生活服务，全省共有县乡河道 21 532 条，其中县级河道 2 087 条，乡级河道 19 445 条。面广量大的县乡内部河道与流域性、区域性河道有机结合，共同发挥防洪、除涝、灌溉、供水、航运、水环境等多种功能，是支撑江苏省农村社会经济健康、快速发展的重要基础设施。

2

河道现状

2.1 划分标准

本规划中的农村河道特指农村县、乡两级河道。

根据江苏河道情况，县级河道主要分布在一个县之内，流经数个乡镇，向区域骨干河道或承泄区排水，起到调节乡级河道的作用；乡级河道主要分布在一个乡镇之内，流经数个行政村，主要为干沟或支沟，主要作用是沟通调节村内沟河。在以往编制河道疏浚规划过程中，结合江苏实际，针对平原区、山丘区、圩区的不同情况，从流域范围、灌排控制面积、长度、平均底宽等几项指标出发，制定了江苏省农村河道划分标准，从实际操作情况来看，该划分标准是合理适用的，因此本次规划继续延用这一划分标准（详见表 2-1）。

表 2-1 江苏省农村河道划分标准表

指标 类型	县级河道				乡级河道			
	流域范围（行政区域）	灌排控制面积（km^2）	长度（km）	平均底宽（m）	流域范围（行政区域）	灌排控制面积（km^2）	长度（km）	平均底宽（m）
山丘区	县内跨乡	50～500	＞12	＞5	乡内跨村	5～50	3～12	2～5
平原区	县内跨乡	40～300	＞10	＞6	乡内跨村	5～40	3～10	3～6
圩　区	县内跨乡	30～200	＞8	＞5	乡内跨村	5～30	2～8	3～5

注：满足流域范围指标，并满足其余三项指标中两项者，划分为相应等级的河道。

2.2 基本情况

2.2.1 农村河道特点

农村河道地处农村区域，与城市河道相比具有自身的特点。主要体现在服务功能多样、河道结构自然多样、污染源复杂多样等方面。

（1）服务功能多样。作为承担农村灌溉排涝任务的基础性工程，农村河道具有较多服务功能，它是农田排涝、引水灌溉及船舶运输的主要通道，同时农村河道又是生态与环境的重要载体，有的农村河道还是重要的城乡饮用水水源地，与城乡经济社会发展和人民群众的生产生活密切相关。另外农村河道还为农村居民提供了休闲娱乐功能,同时又体现了美学和文化价值。

(2) 河道结构自然多样。农村河道按地貌形态有山丘区河道、平原区河道及圩区河道。山丘区河道纵坡降较大,蜿蜒性较强,水流较急,河岸冲刷较严重;平原及圩区河道边坡较平缓,纵坡降较小,水面较宽,水流较缓易淤积;另外,通航河道受船行波的影响,河岸较易崩塌,也会使河道结构发生变化。一般农村河道人为干预较少,河道自然性保持良好,河道生态建设方面优势相对明显,但农村河道在建成后的管理方面还比较滞后,农村居民维护意识不足。

(3) 污染源复杂多样。随着社会经济的发展,农村河道的污染越来越严重。农村河道的污染来源主要为乡镇企业的工业废水污染、农村养殖污染(水产养殖和畜禽养殖)、农村面源污染、农村居民的生活垃圾和废弃物污染等,其中,农村面源污染是农村河道特有的污染。过量使用化肥,大量的氮和磷营养元素随着农田排水或雨水进入河道,污染水质,导致水体富营养化;农田使用的农药随雨水或灌溉水向水体迁移,农药雾滴或尘微粒随风飘移沉降进入水体以及施药工具器械的清洗都造成农村河道污染;农村集约化养殖,畜禽粪尿未加妥善处理,直接排放到农村河道形成污染。

2.2.2 农村河道类型

农村河道按照其功能,可分为引水河道、排水河道、引排结合河道。江苏省单纯引水或排水的河道较少,主要分布在丘陵区,绝大部分河道为引排结合河道,因其处于山丘区、平原区、圩区三种不同类型地貌而在功能及治理模式上有所不同。

山丘区河道主要分布在江苏省北部、西南和西部边缘山丘区地带,由于山丘区地势陡峻,汇水时间短,加之水利工程基础薄弱,大雨留不住,小雨无水源,因此,扩大山丘区洪涝水出路、防治水土流失、缓解水资源紧缺是山丘区河道治理的主要任务。山丘区河道主要有冲河(沟)、环山河、引水河等几种类型。

平原区河道主要分布在徐淮、通南和太湖平原地区。平原区存在洪、涝、旱、渍、碱等多种自然灾害,沿海地区还时常受到台风、暴雨的袭击。为满足挡、排、灌、降、引、蓄、调、航等要求,充分发挥河道功能,平原区河道基本为引排结合的河道,有"深、网、平"的特点,即河道有一定深度,底宽较大并形成网络,有较大的调蓄能力,河道内正常情况下保持一定的水深。由于河道较深、引排结合、纵坡平缓,所以平原区河道尤其是高沙土地区河道容易淤积。

圩区河道主要分布在苏南、沿江、沿湖及里下河等洼地圩区，圩区特点是地势低洼，汛期汇水快，退水慢，容易形成涝灾。圩区型河道是根据原河道自然情况，结合圩区布局对老河网进行整治改造而形成的，通过圩口控制，沟通圩内圩外水系，为圩区提供排、引、航、调和行洪服务。河网密、长度相对较短、断面变化小、坡降缓又有一定蓄滞能力是圩区型河道的特点。圩区型河道淤积速度相对较慢，但是由于圩区型河道水流流通性较差，水质容易恶化，加之圩区多处在江苏省经济较发达地区，工业、生活污水排放量大，是江苏省水污染最为严重的河道类型。

2.2.3 农村河道整治

1）治理历程

第一阶段：农村河道疏浚起步阶段。2002 年江苏省委、省政府作出了加快实施全省县乡河道疏浚工程的决策，省水利厅组织全省各地编制了《江苏省 2003—2007 年县乡河道疏浚规划》，用 5 年时间将全省县乡级骨干河道疏浚一遍，恢复河道设计标准，落实长效管理，建立正常的河道清淤机制，保证河道常年维持良好运行状态。5 年间完成县乡河道疏浚 8 067 条、37 170 km，完成土方 6 亿 m^3，平均每年 1.2 亿 m^3。2003 年省级财政专项拿出 6 000 万元对各地实施县乡河道疏浚给予支持，补助标准是苏北地区县级河道 0.8 元/m^3、乡级河道 0.5 元/m^3；苏中地区县级河道 0.5 元/m^3、乡级河道 0.4 元/m^3；苏南地区县级河道 0.5 元/m^3、乡级河道 0.4 元/m^3。2004 年取消劳动积累工、义务工后，河道疏浚投入主渠道发生根本性变化，2004 年疏浚土方 1.2 亿 m^3，省级补助经费提高至 1 亿元，达到土方工程投资的 20%。2005 年，按照省政府加快县乡河道疏浚步伐的要求，完成土方 1.5 亿 m^3，并将省级补助经费提高至 2 亿元，补助标准提高至苏北地区县级河道 1.8 元/m^3、乡级河道 1.2 元/m^3；苏中地区县级河道 1.3 元/m^3、乡级河道 0.9 元/m^3；苏南地区县级河道 1.0 元/m^3、乡级河道 0.6 元/m^3。2006—2007 年，继续执行 2005 年的补助标准，完成原 5 年规划剩余的 2.1 亿 m^3 土方疏浚任务，省级补助经费提高至 2.7 亿元。

第一轮河道疏浚规划的实施，大大改变了原先农田“旱不能灌、涝不能排”的局面，而且实现了水流畅通、水质改善、河岸清洁的预期目标，有效改善了农业生产基本条件，取得了较为显著的经济社会效益。然而，受资金条件的限制，规划仅针对了淤积严重的县乡骨干河道，没有将全省所有的县乡级河道全部纳入规划。

第二阶段:河道疏浚和长效管理并举阶段。2007 年在首轮规划的基础上,全省以县为单位编制了《“十一五”县乡河道疏浚规划》以及《“十一五”村庄河塘疏浚整治规划》,经各县(市、区)人民政府批准后组织实施。进入“十二五”,先后组织编制了《2011—2012 年农村河道疏浚整治规划》《2013—2015 年农村河道疏浚规划》,将全省未列入原先规划的农村河道全面疏浚一遍,对已疏浚过但再次淤积严重的农村河道进行轮浚,恢复原河道设计标准和功能,并适当提高河道建设标准,综合考虑河道防洪排涝、灌溉供水、生态环境等功能,结合生态、景观建设和长效管护,实行综合整治,协调推进,集中发挥整治效益。2010 年,省政府办公厅印发了《江苏省农村河道管护办法》,省水利厅会同省财政厅印发了《江苏省农村河道管护考核办法》,明确了农村河道管护的责任主体、管护范围、管护标准等,督促各地层层落实农村河道管护责任制和责任人员,积极探索市场化运作管护机制。省财政每年安排农村河道专项管护经费 3 800 万元,用于支持和引导各地开展农村河道长效管护工作。苏南地区农村河道以及农田水利工程长效管护经费以各级财政投入为主;南通、泰州和淮安地区实行“四位一体”的长效管护机制;苏北等经济欠发达地区,采取省市县财政补助、水面滩面经营开发、村民门前三包、建立乡规民约等方式,落实管护经费和管护措施。

第三阶段:河道轮浚机制形成阶段。河道淤积具有循环性和周期性的特征,是一个动态过程,大部分县乡河道淤积周期为 5～8 年,部分县乡河道疏浚后经过 10 年左右的淤积,又开始逐渐影响河道基本功能的发挥,要达到水系畅通、恢复引排及水生态的要求,必须建立县乡河道轮浚机制和长效管护机制。2015 年,省水利厅、财政厅在深入调查研究各县(市、区)“十三五”县乡河道规划基础上,共同编制了《江苏省“十三五”县乡河道轮浚整治规划》,自 2016 年开始对全省淤积县乡河道进行轮浚,同时着力进行水系沟通、岸坡整治、建筑物配套以及堤防加固,恢复河道设计引、排标准,落实长效管护机制,巩固农村河道疏浚成果,再现“河畅、水清、岸绿、景美”的农村环境新面貌。

第四阶段:农村生态河道建设阶段。党的十九大作出了新时代中国特色社会主义发展新的战略安排,提出要加快生态文明建设,中央和全省农村工作会议、中央和省委一号文件对推动乡村振兴战略作出重大决策部署,并将建设美丽乡村作为重要内容。加快农村县乡河道轮浚进程,重点打造县乡生态河道,既是广大人民群众的殷切期盼,也是推进江苏省水利高质量发展的迫切需要。因此,2017 年江苏省及时编制了《江苏省农村县乡河道轮浚整治及生态建设规划》，在轮浚的同时，围绕省生态河湖行动计划，依据农村生态河道建设标准，大力推动河道水系治理和生态修复，取得了积极成效，高标准推进"水美乡村"和农村示范河道建设，重点打造了一批特色明显、效果显著、亮点突出的农村生态河道，农村河道引排能力、水质条件、自然生态得到了较大改善，取得了显著的效益。

2016 年至今，全省共疏浚县级河道 825 条，疏浚乡级河道 7 293 条，总土方 3.7 亿 m^3。其中：县级河道疏浚投入 38.50 亿元，疏浚土方 1.12 亿 m^3，新增达标堤防 1 194 km，岸坡整治 3 626 km，其中生态护岸长度 1 738 km，植树 460 万株，新增绿化面积 3 115 万 m^2，配套建筑物 2 671 座，改善除涝面积 645 万亩，改善灌溉面积 372 万亩；乡级河道疏浚投入 47.22 亿元，疏浚土方 2.58 亿 m^3，新增达标堤防 2 191 km，岸坡整治 21 076 km，其中生态护岸长度 13 268 km，植树 730 万株，新增绿化面积 7 064 万 m^2，配套建筑物 10 098 座，改善除涝面积 1 220 万亩，改善灌溉面积 637 万亩。

截至 2019 年底，全省已建成农村生态河道 3 136 条，占全省县乡河道数量的 14.6%。生态河道总长 14 079 km，生态护岸长度 13 035 km，配套建筑物 22 408 座，污水处理设施 906 处，植树 1 334 万株，岸坡绿化面积 10 195 万 m^2，景观设施 1 111处；管护人员 8 019 人，年投入管护经费 1.4 亿元。

表 2-2　全省各地现状生态河道数量表

市别	县级河道数量（条）	乡级河道数量（条）	生态河道数量（条）	生态河道占比（%）
合计	2 087	19 445	3 136	14.6
南京市	65	737	249	31.0
无锡市	71	659	162	22.2
徐州市	200	2 065	143	6.3
常州市	78	563	183	28.5
苏州市	147	979	289	25.7
南通市	136	1 349	241	16.2
连云港市	133	736	42	4.8
淮安市	176	1 508	225	13.4
盐城市	440	4 415	271	5.6

续表

市别	县级河道数量（条）	乡级河道数量（条）	生态河道数量（条）	生态河道占比（%）
扬州市	166	2 158	577	24.8
镇江市	92	892	316	32.1
泰州市	137	1 318	316	21.7
宿迁市	152	1 565	67	3.9
监狱农场	15	172	42	22.5
农垦集团农场	79	329	13	3.2

注：数据截至 2019 年。

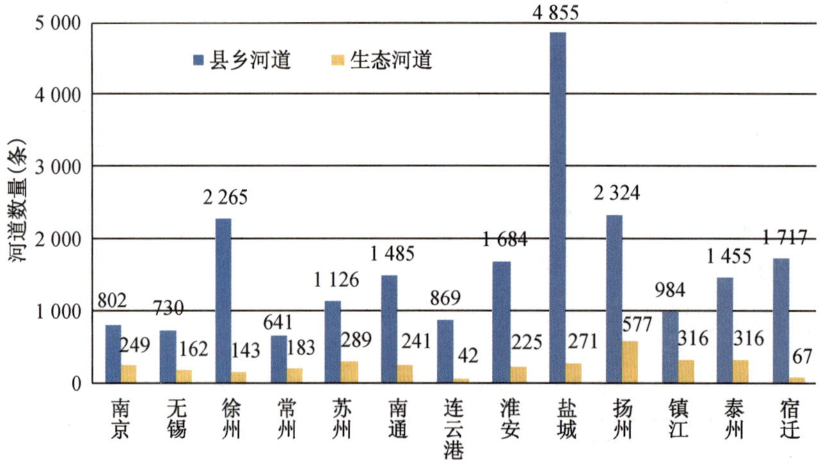

图 2-1　各地现状河道数量图

表 2-3　全省各地县乡级生态河道占比情况表

市别	县级生态河道(条)	占比(%)	乡级生态河道(条)	占比(%)
合计	581	27.8	2 555	13.1
南京市	56	86.2	193	26.2
无锡市	30	42.3	132	20.0
徐州市	53	26.5	90	4.4
常州市	28	35.9	155	27.5
苏州市	46	31.3	243	24.8

续表

市别	县级生态河道(条)	占比(%)	乡级生态河道(条)	占比(%)
南通市	30	22.1	211	15.6
连云港市	14	10.5	28	3.8
淮安市	63	35.8	162	10.7
盐城市	85	19.3	186	4.2
扬州市	49	29.5	528	24.5
镇江市	42	45.7	274	30.7
泰州市	53	38.7	263	20.0
宿迁市	18	11.8	49	3.1
监狱农场	5	33.3	37	21.5
农垦集团农场	9	11.4	4	1.2

注:数据截至 2019 年。

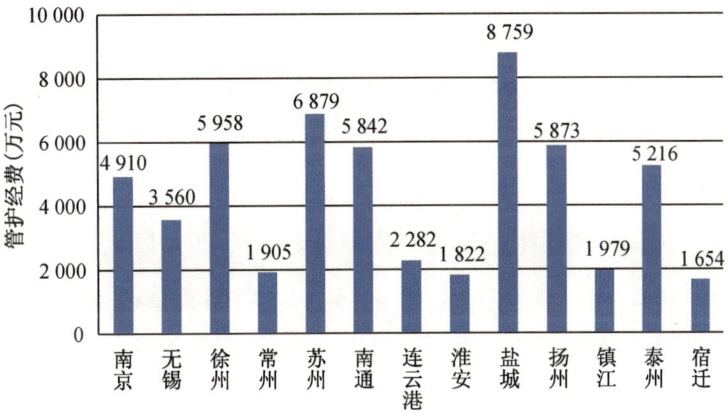

图 2-2 各地现状河道年均投入管护经费图

表 2-4 全省各地县乡级生态河道管护经费表

市别	生态河道数量(条)	生态河道长度(km)	总管护经费(万元)	单位长度管护经费(元/km)
合计	3 136	14 077	13 679	9 717
南京市	249	1 163	2 693	23 156
无锡市	162	702	1 053	15 000

续表

市别	生态河道数量（条）	生态河道长度（km）	总管护经费（万元）	单位长度管护经费（元/km）
徐州市	143	1 021	384	3 761
常州市	183	668	477	7 141
苏州市	289	1 074	2 202	20 503
南通市	241	1 014	770	7 594
连云港市	42	338	157	4 645
淮安市	225	1 406	327	2 326
盐城市	271	1 617	1 080	6 679
扬州市	577	1 884	1 396	7 410
镇江市	316	983	982	9 990
泰州市	316	1 588	1 866	11 751
宿迁市	67	336	237	7 054
监狱农场	42	218	12	550
农垦集团农场	13	65	43	6 615

注：数据截至 2019 年。

由表 2－2、表 2－3 可以看出，现状生态河道仍以苏南地区居多，南京、无锡、常州、苏州、扬州、镇江、泰州生态河道均占河道总数的 20%以上，徐州、连云港、盐城、宿迁等地相对较少。由图 2－2、表 2－4 可以看出，各地河道管护经费投入不均，南京、无锡、苏州地区管护经费投入较大，单位长度管护投入 15 000 元以上，而苏北地区在生态河道建设和管护投入上仍相对薄弱，有些地区单位长度管护投入甚至不足 3 000 元。

2）综合效益

开展农村河道疏浚整治工程，不仅有效改善了农田的灌排能力，还有力地改善了农村水环境，改变了农村环境面貌，提高了人民生活质量和水平，在经济、社会和生态等方面都发挥了巨大的作用。通过疏浚淤泥，拆除坝埂，岸坡防护，配套桥涵，既沟通了水系，改善了水质，又提升了引排功能，改善了村庄环境，不少地方又重现了“河畅、水清、岸绿、景美”的乡村美景，受到农村广大群众的真心拥护。农村河道疏浚整治还结合新农村建设，积极开展河坡塘埂整治、河岸护砌、植被绿化，建设休闲广场，整治环境卫生等，使得农村环境面貌大为改观，很多地方在村里建起了化粪池、垃圾箱、污水处理厂，同时配备专职环卫队伍，推进农村生活垃圾集中投放，种种措施有效改善了农村村容村貌，提高了农民群众的生活质量。

3）经验做法

在农村河道疏浚整治过程中，江苏各级党委、政府加强领导，水利、财政等部门密切配合，协同作战，大胆探索，在规划设计、项目管理、资金筹措、工程实施、长效管护等方面都总结了不少好的经验和办法。

一是加强行政推动，保障工程实施。省政府每年将农村河道疏浚整治列为政府目标考核的重要内容，各级水利与财政等部门密切配合，成立专门领导机构，负责整治工作的组织协调，加强责任分解落实，积极做好项目对接，把土方任务具体分解落实到每条河道，落实到每个责任部门和责任人，为整治工作全面开展奠定良好的组织基础。

二是统筹编制规划，科学有序推进。自 2002 年至今，六轮规划的编制对农村河道疏浚均起到了重要的指导作用，2018 年全省又编制了《江苏省县乡河道轮浚整治及生态建设规划》，进一步转变了治理思路，提升了建设标准，将未列入原先规划的农村河道全面疏浚一遍，对已疏浚但再次淤积严重的河道制定轮浚计划，着重打造农村生态河道，目前该规划正在实施中。

三是创新投入机制，多方筹措资金。充分挖掘现有资源，优化各类财政支农资金，综合配套使用，积极发挥财政资金的主导作用，加大各级财政的投入力度；同时积极运用市场机制，合理开发水土资源，拍卖林权和水面养殖经营权，以土换资、以水生财，广泛吸纳社会资金，拓宽投资渠道，增加工程投入。

四是集中连片治理，发挥综合效益。在年度工程实施方案制定和审批中，特别要求中小河流治理、省级农村河道疏浚整治专项工程以及各地自办农村河道疏浚工程等项目整合，进行集中投入，整乡整村推进，发挥综合效益，确保治理一片，见效一片。

五是强化长效管护，凸显地方特色。各地在全面完成土方任务的同时，强化农村河道长效管护，明确各级农村河道长效管理的责任主体、管理范围及管护内容。同时各地财政落实专项管护资金，明确补助标准，为农村河道环境整治和长效管护提供了经费保障。有的地方还专门出台政策，拿出一般预算收入的一定比例设立“村庄环境整治资金”，取得了较好的成效。

六是严格督查考核，加强宣传引导。省级每年委托第三方中介机构开展农村河道长效管护考核，并依据考核结果拨付省级管护奖补资金。市县两级专门成立了农村河道督查组，定期进行监督检查，及时通报检查结果，年终进行综合评比。同时严格执行农村河道管护考核办法，对考核未达标的坚决要求整改，并与补助资金挂钩。各地组织开展多种形式的宣传活动。利用广播、电视、报刊、网络等媒介，加大政策宣传力度，特别是各级党委、政府出台的河道疏浚各项优惠政策，使全社会真正从思想上重视这项工作，形成全社会都来关心、支持河道疏浚整治工作的良好氛围。

2.2.4 农村河道现状

1）工程现状

全省现状共有县级河道 2 087 条，2.42 万 km；乡级河道 19 445 条，6.54 万 km，县乡级河道与流域性河道、区域性骨干河道共同构成了江苏省农村水系的骨干网络，不仅承担着江苏省农村防洪排涝、农田灌溉、城乡饮用水源保障等重要功能，也是农村水生态环境的主要载体。总体上，全省县级以上骨干河道基本已连通成环，目前的主要矛盾是县乡级河流还有不少"堵点"，有的农村河道水系被打散打乱，存在不少断头河、断头沟，有的甚至被直接填埋，修筑了公路、房屋等设施，河网水系恢复工作任务艰巨。截至 2019 年底，全省县乡级农村河道淤积总量仍然达到 8.39 亿 m^3，其中县级河道淤积土方量3.09 亿 m^3，乡级河道淤积土方量 5.30 亿 m^3。

南京市现有县级河道 65 条，总长 592 km，现状淤积量 723 万 m^3，配套建筑物 884 座；现有乡级河道 737 条，总长 2 460 km，现状淤积量 2 160 万 m^3，配套建筑物 2 587 座；现有县乡级生态河道 249 条，总长 1 163 km，生态河道数量占县乡级河道数量的 31.0%。

无锡市现有县级河道 71 条，总长 699 km，现状淤积量 572 万 m^3，配套建筑物 286 座；现有乡级河道 659 条，总长 1 802 km，现状淤积量 1 559 万 m^3，配套建筑物 1 000 座；现有县乡级生态河道 162 条，总长 702 km，生态河道数量占县乡级河道数量的 22.2%。

徐州市现有县级河道 200 条，总长 2 708 km，现状淤积量 5 706 万 m^3，配套建筑物 7 861 座；现有乡级河道 2 065 条，总长 7 586 km，现状淤积量 8 190 万 m^3，配套建筑物 12 834 座；现有县乡级生态河道 143 条，总长 1 021 km，生态河道数量占县乡级河道数量的6.3%。

常州市现有县级河道78条，总长755 km，现状淤积量697万m^3，配套建筑物1 263座；现有乡级河道563条，总长1 763 km，现状淤积量1 180万m^3，配套建筑物1 622座；现有县乡级生态河道183条，总长668 km，生态河道数量占县乡级河道数量的28.5%。

苏州市现有县级河道147条，总长1 206 km，现状淤积量1 886万m^3，配套建筑物1 496座；现有乡级河道979条，总长2 707 km，现状淤积量1 922万m^3，配套建筑物1 953座；现有县乡级生态河道289条，总长1 074 km，生态河道数量占县乡级河道数量的25.7%。

南通市现有县级河道136条，总长2 130 km，现状淤积量1 451万m^3，配套建筑物6 282座；现有乡级河道1 349条，总长5 944 km，现状淤积量3 388万m^3，配套建筑物13 456座；现有县乡级生态河道241条，总长1 014 km，生态河道数量占县乡级河道数量的16.2%。

连云港市现有县级河道133条，总长1 433 km，现状淤积量3 206万m^3，配套建筑物1 225座；现有乡级河道736条，总长3 237 km，现状淤积量4 595万m^3，配套建筑物3 100座；现有县乡级生态河道42条，总长338 km，生态河道数量占县乡级河道数量的4.8%。

淮安市现有县级河道176条，总长2 731 km，现状淤积量1 976万m^3，配套建筑物3 707座；现有乡级河道1 508条，总长5 658 km，现状淤积量3 900万m^3，配套建筑物7 598座；现有县乡级生态河道225条，总长1 406 km，生态河道数量占县乡级河道数量的13.4%。

盐城市现有县级河道440条，总长5 429 km，现状淤积量6 160万m^3，配套建筑物7 400座；现有乡级河道4 415条，总长15 784 km，现状淤积量10 920万m^3，配套建筑物20 120座；现有县乡级生态河道271条，总长1 617 km，生态河道数量占县乡级河道数量的5.6%。

扬州市现有县级河道166条，总长1 756 km，现状淤积量2 072万m^3，配套建筑物3 341座；现有乡级河道2 158条，总长5 748 km，现状淤积量4 023万m^3，配套建筑物14 293座；现有县乡级生态河道577条，总长1 884 km，生态河道数量占县乡级河道数量的24.8%。

镇江市现有县级河道92条，总长610 km，现状淤积量390万m^3，配套建筑物

2 449 座；现有乡级河道 892 条，总长 2 080 km，现状淤积量 2 803 万 m^3，配套建筑物 7 588 座；现有县乡级生态河道 316 条，总长 983 km，生态河道数量占县乡级河道数量的 32.1%。

泰州市现有县级河道 137 条，总长 1 845 km，现状淤积量 3 146 万 m^3，配套建筑物 4 474 座；现有乡级河道 1 318 条，总长 4 282 km，现状淤积量 5 208 万 m^3，配套建筑物 7 898 座；现有县乡级生态河道 316 条，总长 1 588 km，生态河道数量占县乡级河道数量的 21.7%。

宿迁市现有县级河道 152 条，总长 1 624 km，现状淤积量 1 840 万 m^3，配套建筑物 3 077 座；现有乡级河道 1 565 条，总长 4 808 km，现状淤积量 1 082 万 m^3，配套建筑物 3 583 座；现有县乡级生态河道 67 条，总长 336 km，生态河道数量占县乡级河道数量的 3.9%。

省监狱农场现有县级河道 15 条，总长 122 km，现状淤积量 294 万 m^3，配套建筑物 18 座；现有乡级河道 172 条，总长 461 km，现状淤积量 491 万 m^3。现有县乡级生态河道 42 条，总长 218 km，生态河道数量占县乡级河道数量的 22.5%。

省农垦集团农场现有县级河道 79 条，总长 515 km，现状淤积量 808 万 m^3，配套建筑物 433 座；现有乡级河道 329 条，总长 1 086 km，现状淤积量 820 万 m^3，配套建筑物 912 座；现有县乡级生态河道 13 条，总长 65 km，生态河道数量占县乡级河道数量的 3.2%。

表 2-5　全省各市县乡河道淤积现状表

市名	县级河道		乡级河道	
	现状淤积长度 (km)	现状淤积量 (万 m^3)	现状淤积长度 (km)	现状淤积量 (万 m^3)
江苏省	15 920	30 927	49 883	52 961
南京市	376	723	1 866	2 160
无锡市	353	572	1 225	1 559
徐州市	1 769	5 706	6 758	8 190
常州市	375	697	1 270	1 180
苏州市	755	1 886	2 060	1 922

续表

市名	县级河道		乡级河道	
	现状淤积长度（km）	现状淤积量（万 m^3）	现状淤积长度（km）	现状淤积量（万 m^3）
南通市	1 273	1 451	4 096	3 388
连云港市	1 262	3 206	3 087	4 595
淮安市	1 226	1 976	4 150	3 900
盐城市	4 129	6 160	11 735	10 920
扬州市	1 072	2 072	4 322	4 023
镇江市	391	390	1 689	2 803
泰州市	1 294	3 146	3 318	5 208
宿迁市	1 133	1 840	2 948	1 802
省监狱农场	109	294	396	491
省农垦集团农场	403	808	963	820

2）管理现状

随着农村河道治理工作的深入开展，江苏省根据地方经济发展水平和河道特点，因地制宜创新管理模式，各市县都出台了河道长效管理办法、意见等规范性文件。为确保农村河道管护工作落到实处，省、市、县各级财政积极加大农村河道长效管护经费的投入。从 2010 年开始，省级财政每年安排农村河道专项经费，实行以奖代补，县乡级作为农村河道建设和管理的主体，不断加大对农村河道长效管护的财政投入力度。近年来，全省每年用于农村河道管护的经费投入达 5.7 亿元，其中省级专项奖励资金达 1 亿元。

苏南地区各县已建立相对完善的专业管护和群众管护相结合的河道管理体制，明确了河道管护主体、管护机构和财政资金来源，制定了严格的管理标准和考核机制，农村河道得到长效管护。苏中大部分农村实行了农村河道、乡村道路、卫生保洁、绿化管养、公共设施“五位一体”的集中管护机制，有效促进了县乡河道及村庄河塘的管护工作。苏北农村地区明确了农村河道管护主体，建立了农村河道管护机制，建立了专业化河道管护队伍，或依托农村环境实行“五位一体”管护，或通过出让河坡林木种植权或水面使用权实行河道承包合同管护等。江苏省农村河道长效管护已初见成效，但依然存在一些薄弱环节，如部分地区渔业养殖污染、淤泥堆存、在绿化带区域开垦种菜、居民缺乏环境保护意识等，农村河道的长效管护机制还需要不断深入推进和创新。

2.3 主要问题

通过多年持续不断地投入，农村河道整治工作已经取得了显著的成绩，但是总体上来看，农村河道治理跟不上社会经济的发展速度，面源污染压力较大，农村生活垃圾缺乏有效统一管理，有些乡镇企业、生活污水无节制排放，影响河体水质，加上水系保护意识不强等因素，一定程度上破坏了农村河道水生态环境。

1）河道淤积仍然严重，功能发挥不足

江苏大部分地区属平原河网区，地势低平，水网稠密，湖荡众多，由于平原区河网河道坡降小、水流速相对较缓，土质河道护坡的土壤颗粒由降雨或不合理灌溉方式形成的径流冲刷后产生水土流失，土壤颗粒进入沟河极易造成淤积，加上大部分乡镇河道为土质边坡，抗冲刷能力较差，还易造成沿线边坡坍塌；部分居民水系保护意识不强，也存在少量垃圾、废渣等直接入河现象，进一步加剧河道淤积状况。据调查分析，大部分农村河道淤积率为 6～10 cm/年，一般情况下县级河道淤积周期为 5～8 年，乡级河道的淤积周期为 3～5 年，砂性土质和管理不善地区时间还要缩短，河道淤积致使河床抬高，不仅影响河道引排水能力，影响河道正常功能的发挥，沉积的底泥还会释放污染物，进一步加重水体的污染程度。因此，为维持河道功能正常，应及时轮浚河道，目前的轮浚力度尚有待进一步提高。

2）农村河道水面率下降，部分水系不畅

近年来随着经济社会快速发展，各类开发区、工业园区、工矿企业、房地产企业等开发建设如火如荼，然而在工程建设过程中，部分工程存在未严格遵循相关水法水规，未能全方位考虑工程与水系现状、规划的衔接，违章占用河道、侵占水域的现象，有些地区河道水面率逐年降低，河道被堵塞、填埋，成了断头河、黑臭河，一些地方在河道内还层层设坝、围河养鱼，常常出现侵占水面、阻塞河道、束窄断面等现象，使得河道调蓄功能及过水能力变差，造成了局部水系引排不畅，影响河道水体的正常流动和功能的发挥。

3）水生态系统退化，水环境压力较大

随着城镇化进程加快，在人口密集区，水面率低，水环境容量小，但排污总量较大，农村河道沿线未完全覆盖截污设施，普遍存在居民生活污水直排入河，沿线工厂工业废水偷排，畜禽养殖污水和农业面源污染随雨水入河等现象，致使河道水质恶化，入河污染物总量远大于河道水环境容量；加之传统形式的河道护岸隔断了水生环境和滨水环境的联系，造成生态环境退化、河道自然属性缺失、河道自净功能丧失，久而久之造成水生态系统失衡、水生动植物减少，给河道周边地区居民的生产生活、生态环境面貌均造成不利影响。

4）河道管理体制不顺，管护成效欠缺

农村河道面广量大，与河道相关的管理部门也有很多，农村河道虽然全面实行了“河长制”，规定了河道管理的内容，但实际操作起来却不容易，比如超标的废水污水排入河道，偷偷往河道里倒垃圾，人为损坏河道堤岸和设施，在岸坡上开垦种菜等现象依然存在。因为农村河道管理上存在职能交叉，各部门在管理中缺乏协同合作，农村河道两侧管理用地因历史原因也大多未进行确权划界，造成管理范围不明确，一定程度上影响了河道长效管理效果。同时受政策和财力的限制，有些地方在河道治理上只注重土方疏浚，对水系沟通、岸坡防护等问题重视不够；有些地方只注重河道本身，对垃圾集中处理、污染排放等源头问题管控不到位；有些地方只注重建工程，对与环境协调等方面的思考明显不足；有些地方只注重人工治理，对自然河道的保护和生态修复力度明显不够，降低了河道管理的科学性和有效性。

5）投入不够稳定，可持续发展机制尚未确立

从保障农村经济社会可持续发展的要求来看，全省农村河道治理体系还存在与经济社会发展和资源环境要求不协调、运行管理集约化水平较低等体制机制问题。全省农村河道治理工程建设和管护投入渠道不够稳定，很多工程得不到正常维护，特别是河道功能衰减、带病运行问题大量存在，同时，非法占用岸线、水域等现象仍未得到有效遏制，清淤不及时，投入资金与需求差距较大，亟须建立与经济社会发展相适应的河道治理资金稳定投入机制。

2.4 形势分析

农村河道是农村人居环境的重要组成部分，既承担着防洪排涝的重要功能，也是农村水资源和水环境的重要载体，与农民群众的生产生活和农村经济社会发展密切相关。开展农村生态河道建设，恢复河道功能，改善农村水环境，完善河道的

长效管护机制，实现"河畅、水清、岸绿、景美"的综合整治目标，不仅是农村水利现代化建设的需要，是深入贯彻习近平生态文明思想、推进乡村振兴战略、加快实现经济社会高质量发展的需要，也是提高农业综合生产能力的基础保障，是改善生态环境、提高人民群众生活水平的重要措施。

一是贯彻习近平生态文明思想的具体行动。党的十八大以来，习近平总书记就生态文明建设提出了一系列重大论断，形成了习近平新时代中国特色社会主义生态文明思想，这是我国生态文明建设长期实践的科学总结，对于推进生态文明建设具有重大而深远的意义。进入新时代，江苏正在全力完成高水平全面建成小康社会的目标任务，为更好满足人民日益增长的优美生态环境需要，全力建成"美丽江苏"，农村河道作为水生态文明建设的重要载体，是实现农村成为安居乐业美丽家园目标的内在要求。贯彻习近平生态文明思想，加快建设美丽中国、美丽江苏，要求我们加快实施农村生态河道建设，依托现有农村河道脉络体系，努力打造小桥流水、碧水绕村的优美农村水生态环境，使江苏的乡村水韵能够看得见、摸得着、欣赏得到，重现"江南水乡"的水蕴特色。

二是补齐农村水利基础设施短板的关键举措。农村县乡级河道多属中小河流支流及末端河道，数量多，分布广，承担着农村地区灌溉供水、行洪排涝、纳污净化、生态养殖等多种任务，是与农村生产生活和生态环境改善密不可分的要素，但由于存在淤塞严重、水体萎缩、缺水断流、生态退化等诸多问题，已成为农村地区的短板和突出薄弱环节。加快农村生态河道建设，就是通过实施清淤疏浚、水系沟通、堤防加固等措施，进一步恢复河流生态空间，改善河道生态环境，提高防洪排涝标准，提升农村地区水安全保障能力。

三是促进农村产业兴旺、乡风文明的重要抓手。实施乡村振兴战略，是党的十九大作出的重大战略部署，是"强富美高"新江苏建设的重要任务，是广大农民群众的殷切期盼，是新时代"三农"工作的总抓手。今后一个时期，江苏省将围绕实施乡村振兴战略，大力推进生态文明建设，重塑安居乐业的美丽家园。实施农村河道轮浚整治和生态建设策略，就是提升农村河道的灌排能力，夯实农业生产能力基础，就是改善农村河道水生态环境，打造安居乐业的农村美丽家园，不断从满足群众对农村河道灌排的功能需求，向追求亲水乐水、水乡情愫转变，让农民群众从农村河道轮浚整治和生态建设中有更多的获得感，让人民群众在乡村振兴战略发展中有更多幸福感。

四是加快完善水治理体系的强大驱动。党的十九大把水利纳入供给侧结构性改革的关键，进一步彰显了水利在经济社会发展中的基础性、战略性地位。农村生态河道建设，是水治理体系的重要组成部分，由于各地财力限制，有些地区特别是苏北相对欠发达地区仍然存在河道水系不通、引排不畅、水质恶化、岸坡坍塌等问题，直接影响水生态改善，迫切需要构建以县乡河道为脉络，富有“水乡”特色的美丽农村环境；以河道“五位一体”为抓手，加快构建起农村河道管护主体明晰、管理标准明确、管护经费落实、管护成效显著的农村河道管护长效机制，全面完善全省江河湖泊的水治理体系，为全省经济社会高质量发展提供重要的水利支撑和保障。

3

总体规划

3.1 指导思想

坚持以习近平新时代中国特色社会主义思想为指导，全面贯彻党的十九大，十九届二中、三中、四中、五中全会以及习近平视察江苏重要指示精神，紧紧围绕乡村振兴战略部署要求，牢固树立生态优先、绿色发展理念，以恢复农村河道基本功能、提高水安全保障能力、改善水生态环境状况为目标，坚持系统思维，强化问题导向，加大水环境治理和水生态修复力度，着力构建“互联互通、引排顺畅、水清岸洁、生态良好”的农村河网水系，改善农村人居环境，为建设美丽江苏提供有力的水利支撑和基础保障。

3.2 基本原则

1）坚持以人为本，保障民生

把人民对美好生活的向往作为奋斗目标，加快补齐农村水利基础设施短板，大力推进农村生态河道建设，完善农村防洪排涝减灾体系，改善农村生产生活条件和人居环境。

2）坚持生态优先，绿色发展

坚持生态优先、保护优先、恢复自然为主的方针，体现人与自然和谐相处的治水理念，尽可能保持自然状态下的河流形态，修复河道生态，维护河流健康。

3）坚持问题导向，系统治理

坚持把解决突出水问题作为建设重点，解决乡村河道功能衰减、水域岸线侵占、水环境恶化等问题，统筹兼顾、整体施策，着力推进河道疏浚、畅通引排、岸坡整治、生态修复、长效管护等措施。

4）坚持示范引领，有序推进

充分借鉴各地先进经验，优先实施一些针对突出问题、需求迫切、地方积极性高的项目，形成可复制、可推广的治理模式，示范引领全省推进农村生态河道建设。

5）坚持创新机制，强化管护

创新农村河道管护机制，充分发挥河长制平台的作用，落实管护主体和责任，引入市场机制，通过公益岗位吸纳贫困群众参与农村河道保洁维护，保证河道整治成效的持续性。

3.3 规划目标

适应河道安全性、自然性、生态性的要求，恢复和拓展河道行洪、排涝、引水、灌溉、航运、生态、景观等综合功能，实现“水流通畅、水体清澈、岸坡绿化、景色优美”的建设目标。到2025年，规划全省农村生态河道数量占县乡河道总数量的40%以上。

水流通畅：通过河道清淤疏浚、畅通水系、岸坡整治、堤防加固、河岸生态修复等措施，彻底消灭农村河道的断头河（浜），理顺河网水系，保持河势与岸坡稳定，使河道水流通畅。

水体清澈：通过综合整治，结合河道两岸污水处理、垃圾集中清运等措施，使水面洁净、无漂浮物，河道水质逐步改善，满足水功能区水质要求。

岸坡绿化：河岸边坡以植物护坡等生态修复为主进行治理建设，宜草则草、宜树则树，搞好水土保持，实现河道环境面貌焕然一新。

景色优美：维护河流的整体性、连续性与自然风貌的多样性，恢复和保持河道的自然特色，同时挖掘水文化的底蕴，打造水景观，使农村河道成为一条亮丽的景观带。

3.4 规划依据

3.4.1 法律法规

（1）《中华人民共和国水法》

（2）《中华人民共和国防洪法》

（3）《中华人民共和国水土保持法》

（4）《中华人民共和国环境保护法》

（5）《中华人民共和国河道管理条例》

（6）《江苏省防洪条例》

（7）《江苏省河道管理条例》

（8）《江苏省农村水利条例》

(9)《江苏省水土保持条例》

(10)《江苏省水域保护办法》

3.4.2 规范、文件、标准

(1)《防洪标准》(GB50201—2014)

(2)《治涝标准》(SL723—2016)

(3)《灌溉与排水工程设计规范》(GB50288—2018)

(4)《农田排水工程技术规范》(SL4—2013)

(5)《省政府办公厅关于印发江苏省农村河道管护办法的通知》(苏政办发〔2019〕3号)

(6)《省水利厅、发改委、财政厅、农业农村厅、自然资源厅、生态环境厅、住房和城乡建设厅关于切实加强全省农业水利建设与管护的工作的意见》(苏水农〔2021〕6号)

(7)《省水利厅关于加快推进农村生态河道建设的指导意见》(苏水农〔2018〕25号)

(8)《省水利厅关于印发江苏省农村生态河道建设标准的通知》(苏水农〔2018〕33号)

(9)《省水利厅关于印发江苏省农村河道建设管理办法的通知》(苏水农〔2018〕41号)

3.4.3 相关规划

(1)《江苏水利现代化规划(2011—2020)》

(2)《江苏省“十三五”水利发展规划》

(3)《江苏省防洪规划》

(4)《江苏省治涝规划》

(5)《江苏省乡村振兴战略农村水利发展规划》(2018—2022年)

(6)《江苏省“十三五”县乡河道轮浚整治规划》

(7)《江苏省“十三五”村庄河塘轮浚整治规划》

(8)《江苏省农村县乡河道轮浚整治及生态建设规划》(2018—2022年)

3.5 规划思路

规划针对江苏省地形条件特点和河道治理需求，分别提出不同地形条件和不同功能生态河道治理思路，打造适宜生物生存的河道生态环境以及人水相亲、景观优美的人文环境。

3.5.1 总体思路

按照不同地区、不同土质、不同河道功能需求，坚持因地制宜，系统治理，在防污控污、消除黑臭的前提下，通过清淤疏浚、水系连通等措施，恢复河道引排能力，改善水体流动性；尽量保留河道天然形态及断面，控制截弯取直，避免河道断面单一化；河道护岸刚柔结合，在满足强度要求的情况下，选取具有较好透水性、有利于水体交换、适宜动植物生长的生态亲和性材料；从适宜生物栖息的角度出发，构建适宜生物栖息及繁殖的生境条件；利用河道两侧现有植被，合理配置不同习性的植物，营造植物群落结构及生态景观多样的植物带；同时注重建筑物的合理调配，使上下游、内外河有效沟通和水体交换。通过农村生态河道建设，河道水系格局逐渐完整，水体流动性显著增强，河道岸坡整洁、河面清洁，满足防洪、排涝、灌溉、引水、航运等功能需求和生态需求。

（1）平原区河道。主要位于淮北平原、滨海平原、通南高沙土平原和太湖平原四大片。该区域地势平坦，水系发达，河流纵横，引排结合，呈网状分布。这一地区河道分布较广，存在自然坡度地形，有一定的自排能力，但在遭遇较大降雨时也会积水成涝。平原区河道整治，必须首先确保防洪除涝安全，本着蓄泄兼筹、因地制宜的原则，在上游地区加以拦蓄的基础上，采用疏浚河道、整治堤防、下游建闸站等综合措施，解决洪涝问题。在生态河道建设中要注重水系连通，确保河道流速，增强河流的流动性；打通断头河（浜），加大卡口段治理力度；建立轮浚机制，加快排水速度，增强拦蓄能力。对于平原沙土区河道，要加大河道岸坡的整治力度，强化水土保持措施，采用工程措施与非工程措施相结合的方式，加强河道综合整治。

（2）圩区河道。江苏省低洼圩区分布较广，主要分布在里下河地区、太湖水网地区以及沿流域性河湖的滨河湖圩区。该区域外围有相对封闭的圩堤，由圩口闸和泵站对水系进行控制调节。这一地区生态河道建设中要系统整治圩内河网，理顺河网体系，同时配套灌排控制建筑物，确保各级河道引排自如；要严格控制联圩并圩和新建圩堤，控制围占圩外水面和封闭圩外河道，通过退渔还湖等措施恢复和提高圩内水面率，增加圩内调蓄能力；注重堤防加固，保障圩区安全，通过闸站加大内外河道的沟通和水体的交换，增加水体流动性，提高纳污能力，改善水质条件，同时要注重保持生物多样性。

（3）山丘区河道。丘陵山区主要分布在江苏省西南部及北部边缘，该区域地势高低起伏，河道比降较大，水流较急，短时间内易形成洪涝灾害。在生态河道建设中，要坚持以小流域为单元，强化梯级控制，确保生态基流，要通过岸坡整治，防止冲刷，减少水土流失，健全蓄、引、提、调相结合的“长藤结瓜”工程体系，拦截山洪至山丘水库、塘坝集蓄或分泄至骨干泄洪河道，达到涵养水源、改善生态的目的。

3.5.2 治理模式

规划针对不同功能的农村县乡级河道，提出不同的治理模式。

（1）防洪排涝功能为主河道。防洪排涝河道治理的重点是以河势稳定、堤防加固为主，以生态绿化为辅。保证河流的行洪排水能力，满足设计暴雨时的过水断面，统筹考虑河道堤防建设、河道清淤、阻水建（构）筑物拆除、安全管护设施建设等综合措施，解决水系不通、淤积堵塞、堤防不达标的问题。有防洪任务的河道设计洪水位可根据实测年最高洪水位系列进行频率分析后确定，或根据设计洪峰流量通过分析河道冲淤变化后的水位流量关系确定。有排涝任务的河道设计排涝流量宜按确定的设计排涝标准根据设计暴雨间接推算。主要工程措施有：清淤疏浚、河道清障、岸坡整治、堤防加固等。

（2）灌溉引水为主河道。以灌溉引水为主的河道，在满足水量水质需求的同时，还要使工程结构对水流的流量、流速、冲淤平衡、环境外观等影响最小，要创造动物栖息及植物生长所需要的多样性空间，营造宜宽则宽、宜弯则弯、宽窄交替、急流缓流并存的自然型河道。其设计水位宜按相应于灌溉设计保证率的水位选取，也可取多年灌溉期枯水位的平均值。主要工程措施有：岸坡整治、堤防加固、生态系统修复等。

（3）生态功能为主河道。该类河道位于经济比较发达，工农业生产活动频繁，人口密集，河流水质相对较差的地区，河道治理的重点是控制减少入河污染物的数量，提高河流水体的连通性与流动性，增加水体的纳污容量和提升自净能力，改善河流水质和恢复水生物多样性。主要工程措施有：清淤疏浚、水系沟通、河道清障、生态系统修复、截污治污等。

3.6 建设标准

3.6.1 标准制定原则

农村河道无论从河道宽度、长度、河流的等级等多个方面都不可与大江大河相提并论，但是由于农村河道数量众多，并且直接与农业生产和农村生活息息相关，因此农村生态河道的治理应根据本地区实际情况，因地制宜提出建设标准。标准的制定遵循以下原则。

（1）河道上下游相协调的原则。按照规划的定位，农村河道绝大部分都属于中小级别河流，因此农村河道的防洪标准、除涝标准、水环境整治的标准会对骨干河道、流域内上下游河流产生影响，特别是防洪除涝标准的制定，应统筹考虑流域或区域的总体布局，按照局部服从总体的原则来确定。

（2）与区域经济社会发展相协调的原则。农村河道规划的目的就是要保障和促进农村地区的社会经济持续发展，水利作为基础产业，是为社会经济发展提供防洪安全和水资源保证的。由于广大的农村地区经济发展不平衡，甚至同一个县域内的不同项目区的经济状况也存在很大的差别，因而对农村河道整治的需求也存在很大的差别。标准定得过低，不能满足项目的需求；标准过高，不仅规划工程的效益难以充分发挥，而且工程的建设还会给当地带来较重的财政负担，实施难度较大。因此，规划标准的制定应充分考虑与经济社会的发展的协调性，考虑社会经济在未来一段时期内的发展，规划标准可以适度超前。

（3）与前置性规划相协调的原则。对于农村河道规划而言，区域的总体规划、水资源综合规划、流域的防洪规划等规划均属于前置性规划文件，农村河道综合整治规划的标准制定应以前置性规划为指导，一般不应超出上位规划的要求。而对于国土空间规划、生态环境规划等相关行业规划，在满足规划目标的前提下，规划的标准应从有利于国土资源利用、改善农村生态环境角度出发，与相关规划进行协调，使制定的规划方案更具有可实施性。

（4）与相关标准规范相协调的原则。农村河道规划涉及防洪、除涝、灌溉、供水、生态、农业、环境等多个部门与学科，应根据国家和行业已颁布的一系列标准、规程、规范等来制定农村河道综合整治的规划标准，不仅能够保证规划的先进性，使拟定的方案更合理科学，而且能够更好地与法律法规、区域经济及相关规划衔接。

3.6.2 规划建设标准

为推动生态河道建设标准化，在总结省内外经验的基础上，省水利厅于2018年10月下发了《省水利厅关于印发江苏省农村生态河道建设标准的通知》，为使标准更具体细化，规划依据上述标准要求，从"河畅、水清、岸绿、景美"和河道管护等五个方面提出15项细化评判指标，并对部分指标具体内涵提出量化内容，供各地在河道规划、建设中参考使用。

1）河畅

（1）水体通畅：水体连通、水流通畅，无坝埂，无阻水障碍物，沿河建筑物配套基本齐全、运行良好。

（2）功能完备：农村河道满足防洪、排涝、灌溉、供水、通航等功能需求，达到规划设计标准。

（3）河势稳定：尽量保持河流天然形态，宜弯则弯，宜宽则宽，宜滩则滩。

2）水清

（1）水体清澈：目测表观水清，水体透明度大于30 cm；河道水质全面达到水功能区水质要求，消除劣Ⅴ类水体。

（2）排放达标：直接排入河道的工业污水处理率应达到100%，农村生活、规模畜禽养殖产生的污水应集中收集、集中处理、达标排放。

（3）水量控制：满足河道基本生态流量，保障水体自然净化功能，确保河道常年不断流。

3）岸绿

（1）生态护岸：平原区河道除有通航要求外，一般宜采用自然土质岸坡，采取植物措施防护；山丘区河道宜采用耐冲刷、透水性好的生态护岸形式。在土质较差、冲刷严重、河坡坍塌、坡陡临路段，可采用硬质化护坡（岸）。

（2）生物多样：水体可见多种水生动植物；河岸设置利于水生动物栖息和繁衍。

(3) 绿化多样:河道岸坡植被连续、层次分明,岸坡水土流失综合治理程度达到90%以上。

4) 景美

(1) 景观配套:居民集中居住段布设人行道、亲水平台、文化廊亭、艺术小品、灯光水景等,体现乡村特色。

(2) 人文水乡:水乡文化内涵丰富,乡土风情浓郁,有地方特色。

5) 管护

(1) 范围划定:按要求划定河道管护范围,设置农村河道管护范围的界桩和标识牌。

(2) 机制健全:落实“河长制”,建立责任明确、协调配合、实施到位的长效管护机制,管护经费足额落实,建立日常管护巡查机制。

(3) 管护到位:河坡整洁,无生产生活垃圾及杂物堆放;河面清洁,无漂浮杂物,无有害水生植物;河水洁净,无污水超标排放;河道通畅,无乱垦乱种、乱挖乱填现象。

(4) 群众满意:群众满意度达80%以上。

4

重点任务

农村河道治理是一项系统工程，面广量大，需要“岸上与水下”“工程与生物”“建设与管理”等措施并行并重，才能取得理想的治理效果。规划坚持问题导向，以河流水系为整体统筹考虑治理措施，提出本规划实施期内清淤疏浚、岸坡整治、堤防加固、绿化植被、景观设施、河道管护以及其他工程等量化任务。

4.1 水系连通

水系连通工程主要是通过沟通河道池塘，拓宽引排水河道卡口段，拆坝建桥、拆涵建桥，建设引排水配套设施等，促进水体流动。水系连通工程，一是解决县乡河流无水源存蓄控制工程，难以有效蓄存利用上级河流下泄水量和形成河流生态水面问题，从而改善河流水生态状况，恢复河道生物多样性，保障沿河农田灌溉取水需求；二是主要解决断头河问题，实现引水畅流，促进水体流动，从而提高水体自净能力，改善河流水环境状况。

根据县乡级河道水体滞流、水力联系减弱，部分水系割裂问题，规划进一步梳理河道水系连通的可能性，串联县、乡镇区域内河湖水系，畅通引排，逐步恢复河道、湖泊等水体的自然连通，为当地提升防洪除涝能力、改善农业灌溉排水条件、修复改善水生态等基本功能创造良好条件。

本规划通过采用绿色、生态、环保的技术手段和施工措施，并与县乡总体规划、土地利用规划和发展布局等充分衔接，体现“生态优先、绿色发展”原则，采用拓宽束水河段，沟通断头浜，建设引排水配套设施等连通方式恢复水流交互，促进水体流动。

水系连通工程内容：新建连通通道长度 436 km，新增建筑物 4 539 座。其中：县级河道连通通道长度 40 km，建筑物 1 025 座，乡级河道连通通道长度 396 km，建筑物 3 514 座。

4.2 清淤疏浚

河道淤积物多为淤泥和生产生活垃圾，且很多地方河道淤积严重，不仅影响水流畅通，而且对水质影响很大，河道内经常发出难闻的臭味，严重影响河道的功能和农村人居环境。清淤疏浚主要是清除河道淤泥，恢复或扩大河道过水断面，提高河道引排能力。清淤有见效快、能提高河流过水能力、增加河流水体环境容量等优点，因而成为农村河道整治的主要措施。污染河流底泥中含有的有机物和氮、磷等物质，在一定条件下会从底泥释放到水体内，使水质恶化。通过底泥清浚，可以挖除表层的污染底泥，减少污染物的释放。

河道的清淤疏浚工程主要是确定清淤的深度和断面型式，平原区和圩区的农村河道底高程可按照本区域或所在流域的水系规划的成果确定，对于农村河道没有明确规定要求的，参考上一级河道的规划河底高程确定，一般来讲，农村河道的河道等级较低，规划河底高程略高于骨干河道和重要河道。有通航要求的平原河道，清淤深度应满足航道等级的最低通航水深要求。丘陵区和山地区的山区性河道的清淤疏浚深度结合防洪排涝分析计算满足河道规划标准要求的过流能力的河道断面，结合洪水位确定清淤深度。清淤后的河道的断面型式应满足岸坡稳定性的要求。

本规划县级河道、乡级河道根据淤积情况，在 5 年内将现状淤积严重的河道轮浚一遍，原则上同一条县级河道在连续两年内完成疏浚任务；同一条乡级河道在一年内完成疏浚任务。

清淤疏浚工程内容：疏浚县乡级河道 7 353 条，2.42 万 km，疏浚土方量 3.57 亿 m^3。其中：县级河道 756 条，长度 0.51 万 km，疏浚土方 1.19 亿 m^3，乡级河道 6 597条，长度 1.91 万 km，疏浚土方 2.38 亿 m^3。

4.3 岸坡整治

岸坡是指河道迎水侧边坡，也包括坡脚和坡顶。岸坡整治的目的是理顺岸线使水流平顺、管理范围明晰；稳定河床，确保岸坡稳定；美化岸坡，改善生态环境和人居环境。生态护岸(坡)就是综合工程力学、土壤学、生态学和植物学等学科的基本知识对斜坡或边坡进行支护，形成由植物或工程和植物组成的综合护坡系统的护坡技术。

4.3.1 生活区岸坡整治

对于生活区河岸，规划以生态护岸建设为主，结合水生植物种植等生态修复方式，构建富有生机的滨水河岸生态系统。同时，应考虑沿岸居民亲水活动的需要，合理布置亲水设施。

生态护岸(坡)是目前十分有效的一种综合性岸坡整治方式,它具有以下特点。①生态功能:生态护岸(坡)的高透水性把水、边坡、植被连成一体,在自然地形、地貌的基础上,建立起阳光、水、植物、生物、边坡之间的生态系统。②防护功能:生态护岸(坡)采用混凝土、块石等抗冲材质与根系发达的固土植物混合,在水土保持方面有很好效果的同时,使护岸的抗冲性能大大加强。③净水功能:生态护岸(坡)应用于水位变动区时,水生植物既能从水中吸收无机盐类营养物(如氮,磷),其水下茎、根系又是大量微生物以生物膜形式附着的介质,有利于水体自净;同时其多孔隙结构形成不同流速带和紊流区,有利于氧从空气传入水中,增加溶解氧,帮助好氧微生物、鱼类等水生生物生长,改善河道水质。④景观功能:生态护岸(坡)工程的实施,改变了过去的那种整齐划一的边坡断面的静态美,建起了一道道动态美的绿色长廊。

结合生态护岸工程,利用植物修复技术,实施水生态修复工程。利用植物及其共生生物体系清除水体中的污染物,主要通过水边栽种水生植物和水面建设生态浮岛两种方式,修复水生态系统,创造水边和水中生物多样性环境。

4.3.2 生产区岸坡整治

生产区岸坡整治遵循"按故道治河"的原则,尽量保持原有河岸面貌,保持河道弯曲、平顺、生态的自然形态。在河道岸坡整治的基础上,实施岸坡绿化,通过在河坡上种植草坪和灌木等,防止水土流失,减少有机物对河道、湖泊的冲击和富营养化的作用,同时美化河道景观,给人们以绿色、柔和、多彩的享受。

岸坡一般包括传统硬质护坡、自嵌式挡墙护岸、生态袋挡墙、木桩护岸、干砌石护岸、生态混凝土护岸、混凝土连锁块护坡、格宾结构护岸等型式;以生态修复为主类型的岸坡整治一般指拆除以前的硬质护岸护坡,改造成土质护坡并配以植物绿化措施,使河道重新焕发生机;以营造景观为主类型的岸坡整治一般包括建设景观小品和文化设施、打造休闲空间,多用于集镇景观带。

规划主要采用以下几种护岸(坡)型式。

1) 传统护岸工程

传统护岸一般包括预制混凝土块护岸、现浇混凝土板护岸、干砌石护岸、浆砌石护岸、浆砌石挡墙、板桩式结构护岸等,适应于抗冲要求较高的河段,民宅集聚区

图 4-1　传统护岸设计及效果图

沿路沿房侧河岸坡度较陡、河床两岸淤积厚度较浅、持力层较高的河段。

预制混凝土块护岸一般用在有景观要求的农村集中居住区护岸处，在土坡修整稳定以后，铺砌预制块，保护岸坡不受外在的各种自然因素外力的作用而坍塌。混凝土预制块护坡岸线顺直，坡面光洁平整，水流顺畅。混凝土预制块可提前在预制场集中生产，质量控制有保障，预制块形状规则、平整，铺砌简便速度快，可缩短工期，造价较高。

与预制混凝土块比较，现浇混凝土板施工方法简单，块体较大，可直接将施工模板铺设在坡面垫层上浇筑。近年来，在河道护岸和水库护坡中应用较多，造价比混凝土预制块低。

干砌块石护坡是选择材质、尺寸符合要求的块石人工铺在坡面上，可以保护岸坡不受水流冲刷而坍塌。可利用本地产建筑材料，施工方法简便，造价比较低。干砌块石护坡施工时，首先在开挖修整好的 1∶2～1∶3 土坡坡脚砌筑固脚，由固脚顶面沿坡面铺设垫层，在垫层上砌筑块石，块石最小边长≥30 cm，砌筑要求四面见线，平稳密实，砌至要求高度，再进行封顶。

河岸下部可能遭受水流冲刷，受冲击强河段需采用浆砌石护坡，浆砌石护坡坡度一般在 1∶1～1∶2 之间。浆砌石护坡由面层和起反滤作用的垫层组成，面层铺砌厚度一般为 25～35 cm，垫层又分为单层和双层两种，单层厚 5～15 cm，双层厚 20～25 cm。原坡面如为砂、砾、卵石，可不设垫层。对长度较大的浆砌石护坡，沿纵向每隔 10～15 cm 可设置一道宽约 2 cm 的伸缩缝，并用沥青或低发泡聚乙烯板填塞。

浆砌块石挡土墙是目前应用较普遍的型式，一般可分为重力式与衡重式。重力式挡土墙一般做成简单的梯形，优点是结构简单，施工方便，适用于墙高小于5 m且地基承载力较高的地段；衡重式挡土墙是利用衡重台上部填土的重力和墙体重心后移而抵抗土体侧压力的挡土墙，优点是可利用衡重平台上的填土重，迫使墙身整体重心后移，使基底应力趋于均衡，增加墙身的稳定性，可适用于挡土高度较高的情况。

板桩式结构护岸指在护坡工程中，以桩基稳固基础、减少土方开挖。桩基材料可选用钢材、钢筋混凝土等，也可采用钢塑等复合型材料。在现场安装预制挡板，预制或现浇上部斜坡并留孔绿化和泄水孔达到护岸的目的。桩板式结构施工简单快捷，维修方便，环保功能强，能降低工程投资，缩短施工周期，尤其适用于地质水文条件差以及要求占地小的情况。该方法为半工厂化生产，有较好的发展前景。

2）生态护岸（坡）工程

生态护岸是指不破坏河道自然生态系统的护坡，它拥有自然河床与河岸基底、丰富的河流地貌，可以充分保证河岸与河流水体之间的水分交换和调节功能，同时具有一定的防护性能。

生态型护岸（坡）型式主要有：植物护坡、生态型混凝土砌块护岸、石笼或格宾结构生态型护岸、木桩护岸、联锁块护坡等。在满足岸坡防护要求的情况下，自然植物护坡是首选的生态护坡型式。

（1）植物护坡

通过在岸坡种植植被（乔木、灌木、草皮等），起到固土护岸的作用。植物护坡型式往往比较简单，主要应用于中小河流，水流条件较平缓，在一些城镇的亲水景观设计中也常采用。随着人们环保意识的增强，目前植被种植也有向多层次和多样化发展的趋势。植物护坡除了起到护坡的作用，还具有其他许多优点。例如成本较低，一般不到传统硬质护坡成本的1/3；植被的存在为各种小动物、微生物的生存繁殖提供了有利的生态环境，完整的生物链得以形成，生物多样性得到提高；通过植被的过滤和吸收，有利于降低面源污染对河流水质的影响，也有利于提高河流的自净能力；郁郁葱葱、花团锦簇、生机盎然的植被能起到美化环境的作用。因此，植物护坡在河道生态治理中具有独特的作用，模仿自然植物群落构建乡土植物群落护坡，是农村河道生态建设的基本方向。

护坡植物的选择应适应当地生态环境，以本土植物为主，防止生物入侵的危害。江苏一般选择暖季型植物，如狗牙根、黑麦草、百喜草等草种。当地的乡土植物往往是比较理想的选择，它是在本地气候与土壤环境中长期进化的结果，最适应当地环境。不同植物根系发达程度差异很大，宜选择根系发达的植物。根系最发达的草本植物是香根草，其根系长达 3 m。

常水位以下的坡面，宜种植芦苇、菖蒲、水烛、水葱等挺水植物，防止波浪对边坡的侵蚀；常水位以上坡面，宜种植狗牙根、黑麦草、高羊茅、结缕草等多年生草本植物，同时也要配置木本植物，如垂柳、水杉、樟树、女贞、意杨等，以发挥木本植物根系强大的锚固和支撑作用，确保边坡的整体稳定。单一植物很难达到好的观赏价值，如狗牙根是一种理想的护坡草种，但绿色期短；高羊茅也是理想的护坡草种，虽绿色期长，但越夏困难。多种草本、木本植物适当配置可达到“三季有花、四季常青”的效果。

对于农村河道，在选护坡植物时，不但要考虑护坡性能，还要重视其经济效果，同时适当考虑其净化水质及美化环境的效果。如果缺乏经济效益，则很难受到农民的欢迎。挺水植物中芦苇和菰（即茭白）等均有较好的经济效益；草本旱生植物中黑麦草（可作为饲料）和萱草（即黄花菜）也能产生良好的经济效益。

图 4－2　植物护坡效果图

规划五年新增岸坡绿化面积 18 212 万 m^2，植树 2 176 万株。

（2）生态型混凝土砌块护岸

生态型混凝土砌块护岸由混凝土块堆砌而成，混凝土块孔隙中填土种花草植被，可以形成良好的生态景观效果。生态型混凝土砌块护岸有两种型式，一种用带孔的混凝土砌块铺砌于较缓的坡面，另一种是用带孔的混凝土砌块垒砌成较陡的护岸结构。这是对传统混凝土护岸的一种改进，在混凝土砌块上预留填土孔，对混凝土的耐久性影响很小，能满足工程使用要求。绿化植被可以选择本土适宜的草种，种植初期需要保证土壤有充足的水分，以保证植被的成活率，后期无需再养护管理。混凝土砌块生态护岸在江苏省众多河道的整治中被广泛采用，适用于水力冲刷大的自然土坡河岸的生态修复，取得了良好的效果。

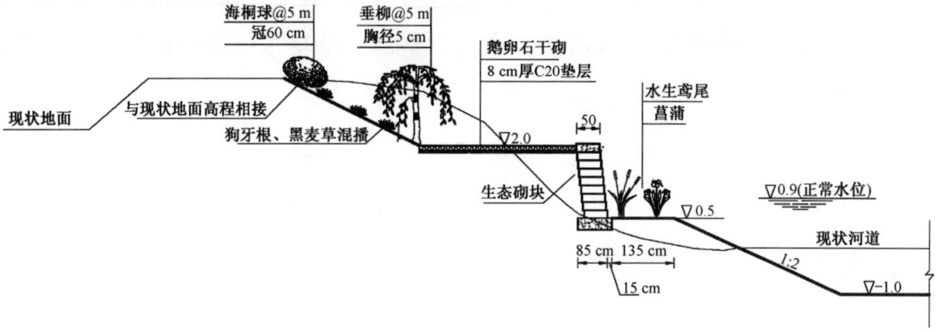

图 4-3　生态型混凝土砌块护岸断面图

（3）格宾网箱护岸

对于河流水流流速较大或河道深泓近岸的情况，可采用石笼或格宾结构的生态型护岸工程。格宾网箱是抗冲刷能力最强的生态挡墙，采用镀锌钢丝笼，内置石块。该结构柔韧性好，对基础、河床的沉降及变形适应性好，内置石料可就地取材，施工简便，抗冲性好。箱体内可以由里而外地产生植被生长层，也可以在墙体内利用植生袋加快墙体绿化，对生态环境有利。

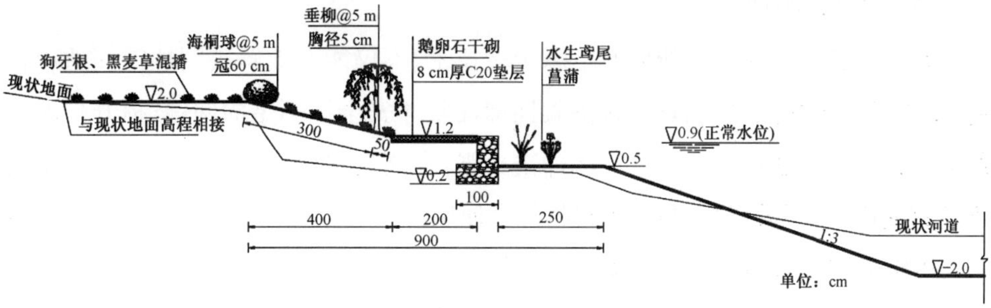

图 4-4　格宾网箱护岸断面图

（4）木桩护岸

木桩作为最原始简单的防护型式，在生态防护中仍占有一定的优势。首先，它不使用任何人工的硬质材料，防护工程更容易融入自然景色之中。木桩前面设置水生植物平台，后面设置自然坡，坡上种植草皮和树木。木桩、仿木桩护岸是沿着河岸向岸坡底部直接打入成排的圆木桩，填充土壤和碎石，在其上种植水生植物及草坪等，在净化水质的同时形成河道独特的景观。植物成活以后其发达的根系可稳固堤岸，增加抗洪、护堤能力。这种护岸结构简单、施工方便、造价低、开挖工程量极小、对沿岸建筑影响小，常用于中小河流整治。单排木桩密打的护岸，每延米约 800～1 000 元。

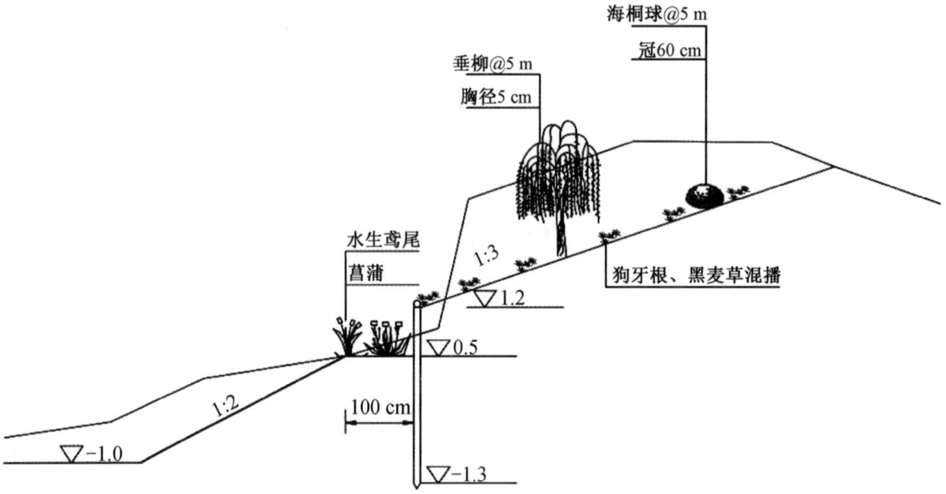

图 4-5　木桩护岸断面图

(5) 联锁块护坡

联锁块护坡作为一种新型的生态护坡技术，不仅能有效解决刚性铺面适应性差、不易种草等缺点，还能有效解决柔性铺面整体安全性不足的问题，提升护坡系统的防护性能。联锁块护坡抗流体冲击力强，在高速水流以及其他恶劣环境下能保持完整面层，不被侵蚀；与土工织物配合使用，可以有效治理管涌、崩岸及泥沙流失；能够适应地基的沉降，保持整个系统的稳定。

由于可以植草绿化，该体系能够恢复边坡净化污染的能力，有效控制河道淤积，提高水体生物生存能力，避免硬化河道二次污染现象，保护水生态环境。

联锁块护坡能够采用吊装整体铺设，相较于传统抛石、膜袋混凝土以及浆砌块石等，其综合成本最为经济。另外，由于施工无需围堰，能够适应各种地形与气候变化。

图 4－6　联锁块护坡断面及效果图

联锁块护坡美观且有益于生态环境，为工厂批量生产，价格适中，质量保证率高，施工简便，工期短，抗冲性较好。联锁块护坡每平方米约 150～200 元。

(6) 生态混凝土

生态混凝土是指能够适应植物生长、可进行植被作业的混凝土及其制品，具有保护环境、改善生态条件、保持原有防护作用、净化水环境四大功能。生态混凝土采用一定粒径碎石制成随机多孔混凝土作为植物生长基体，并在孔隙内充填植物生长所需的营养物质。基本原理是提出生态混凝土有效孔径的概念，以及以有效孔径作为主要参数设计生态混凝土的方法，有效解决了植物生长空间与混凝土结构的矛盾，能使植物根系通过有效孔径完全穿透生态混凝土，增加了防护的安全稳定性。

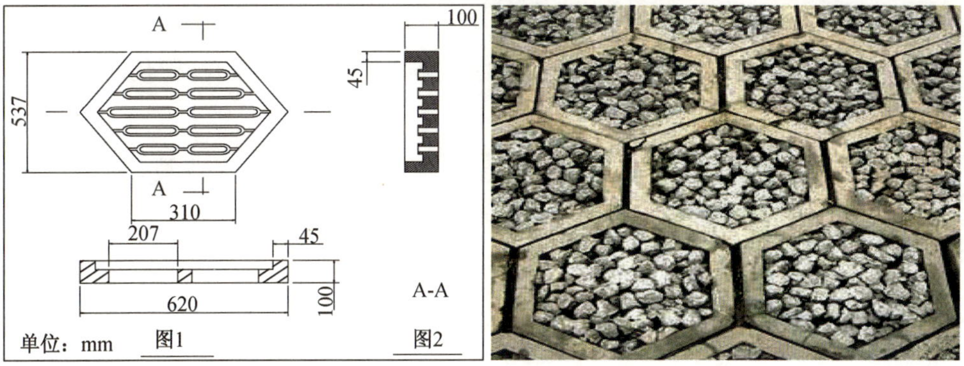

图 4－7　生态混凝土断面及效果图

本规划岸坡整治 30 170 km，其中县级河道 6 222 km，乡级河道 23 948 km。

县级河道岸坡植物措施防护 4 349 km，混凝土防护 1 238 km，木桩防护 456 km，其他类型防护 180 km。乡级河道岸坡植物措施防护 18 036 km，混凝土防护 2 630 km，木桩防护 2 874 km，其他类型防护 407 km。

4.4 堤防加固

县乡生态河道建设中的堤防加固和其他河道一样，是对标准偏低的防洪堤采取防渗、加高、培厚等措施，规划重点是设计洪水位、堤线的确定，内容包括堤身结构加固、防渗加固、堤顶加固拼宽、边坡整治、防汛道路和穿堤建筑物建设等。堤线布置充分利用现有道路，尽量增加行洪断面。在满足安全的前提下，堤防的结构形式尽量自然生态，建筑材料宜选用多孔隙天然材料，慎用大体量混凝土、灌砌石、浆砌石、土工材料以及未经类似工程验证的新材料等，防止过度渠化、硬化河道；对于现状不合理硬化的堤岸进行生态化改造或修复。

图 4-8　河道堤防断面及效果图

结合生态河道建设，本规划对不达标的堤防进行加固改造，加固堤防 1 980 km，总土方 2 086 万 m^3。

4.5 景观设施

在农村生态河道建设中，注重文化配套设施建设，设置具有区域特色、时代特征的概念景观或水文化展示平台。根据河道、河段不同定位，结合生态农业、生态林业、生态旅游、生态湿地等不同功能需求，兼顾城镇景观、亲水等需要，注重植入绿色、乡愁、田园、文化等元素，根据实际需要，建设人行步道，打造各具特色的生态河道，体现人水和谐、城水相融。

规划五年内在生态河道建设中新增景观设施 2 118 处。

图 4-9　河道景观设施效果图

5

河道管护

农村河道整治后，少数地区缺乏垃圾管理和污染控制的配套措施，甚至出现了“前清后污”的现象，部分农村房前、屋后、河里、道路两旁，成了生活垃圾的天然排放场所。自秸秆禁烧以后，不少地方的秸秆堆放在田埂、河边，甚至直接扔在河道里，既影响美观，也影响了水体，导致水质不断恶化，削弱了河道的作用，迫切需要对河道实施科学、长效管护，建立行之有效的长效管护机制，达到“管理一体化、考核制度化、宣传经常化、保洁市场化、投入公共化、装备现代化”的长效管护目标。

5.1 管护原则

一是综合整治的原则。各部门依法履行在河道管理、环境整治方面的职责，各司其职，各尽其责，密切配合，加强综合整治，提高管理水平。二是分级负责的原则。把农村河道按所在区域划分清楚，明确事权，分级管理。三是疏堵结合的原则。在加强河道整治和管理的同时，加强对垃圾、废弃物和秸秆等的管理，逐步将其纳入集中堆放、集中处理的轨道，防止出现新的污染。

5.2 管护机制

农村河道长效管护应做到“两个结合”，即与河长制结合、与农村环境综合整治结合。“河长制”是有效落实地方政府对农村河道责任的有效措施，“河长”作为河湖管理的第一责任人，对所负责河道的长效管理担负领导责任，应紧紧抓住“河长”不放，切实牵头组织所管农村河道综合整治方案的制定、论证和实施，强化横向协调、落实长效管理。与农村环境综合整治结合，就是与生态环境、农业农村、自然资源、交通等部门互相联系、互相协调、分工负责，将道路、绿化、河道以及垃圾等统一管理，综合整治农村环境。

5.3 管护模式

农村河道长效管理应结合本地实际，积极探索管护模式。一是政府购买服务，服务包括河道断面恢复和保持、河道巡查、河道保洁以及河道设施维护等，保障河道畅通、岸坡整洁、设施完善；二是专业公司保洁，由专业保洁公司对农村河道进行常年管护，从亲力亲为转变为让专业的公司做专业的事情，进而提高财政资金使用效率，提高河道长效管护水平；三是门前“三包”模式，对紧靠居民点的河塘，由村委会与沿塘群众逐户签订管护责任书；四是增田发包模式，清淤土方回填到废沟塘，从而新增加土地面积发包，收入用于新疏浚河道的正常保洁和维护；五是村规约束模式，河道疏浚后由党员和村民代表会议讨论修订村规民约，约束村民自觉管护河道。

5.4 管护措施

一是建立“五位一体”的管护机制。明确县(区)、乡(镇)人民政府是本行政区域内农村河道管护的责任主体，对农村河道管护、村庄垃圾处理、公路养护以及绿化植树等进行综合管理的机制，努力改善人居环境；二是建立“四个统一”的管理队伍，按统一建档、统一着装、统一保险和统一签订协议的要求建立专职河道保洁队伍，并配备保洁服、救生衣及打捞工具等，进行日常保洁管护；三是落实经费渠道，按省补一点、市奖一点、县拿一点、乡筹一点的办法明确经费渠道用于河道保洁管护；四是建立“四级考核”的奖惩机制，乡村组织对管护人员进行考核，考核合格后支付管护经费。县级水利、财政部门负责组织辖区内农村河道管护的考核工作，并奖惩兑现。市水利、财政部门负责辖区内县(区)农村河道管护的考核工作。省级对各地级市实行总体验收考核，按考核结果实行奖补。

6 投资估算

6.1 投资估算

根据全省各地规划汇总，参照工程典型设计，在2021—2025年，建设7 353条生态河道，其中县级河道756条，乡级河道6 597条；水系连通436 km，新增建筑物4 539座；疏浚县乡级河道2.42万km，疏浚土方量3.57亿m^3；生态护岸整治30 170 km，其中县级河道6 222 km，乡级河道23 948 km，整治类型中植物措施防护22 385 km，生态混凝土防护3 868 km，木桩防护3 330 km，其他类型防护587 km。新增污水处理设施1 539处，植树2 176万株，新增岸坡绿化面积18 212万m^2，新增景观设施2 118处。

表6-1 全省生态河道规划工程量

工程类型	单位	数量
建设生态河道	条	7 353
其中：县级河道	条	756
乡级河道	条	6 597
新建水系连通通道	km	436
新增建筑物	座	4 539
清淤疏浚长度	万 km	2.42
清淤量	亿 m^3	3.57
生态护岸	km	30 170
其中：植物措施防护	km	22 385
生态混凝土防护	km	3 868
木桩护岸	km	3 330
其他防护	km	587
新增污水处理设施	处	1 539
植树	万株	2 176
新增岸坡绿化面积	万 m^2	18 212
新增景观设施	处	2 118

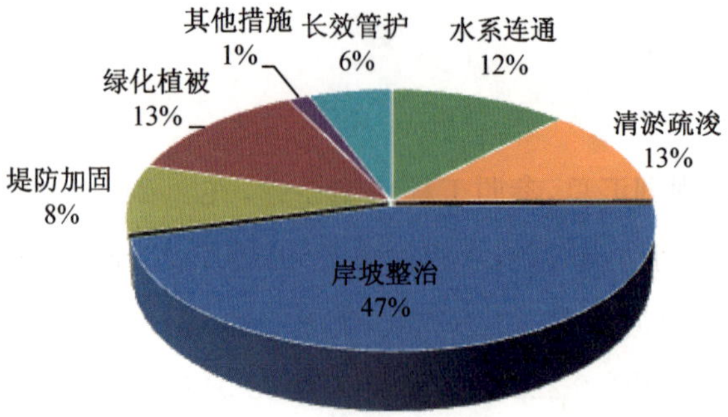

图 6-1　县级生态河道投资分类图

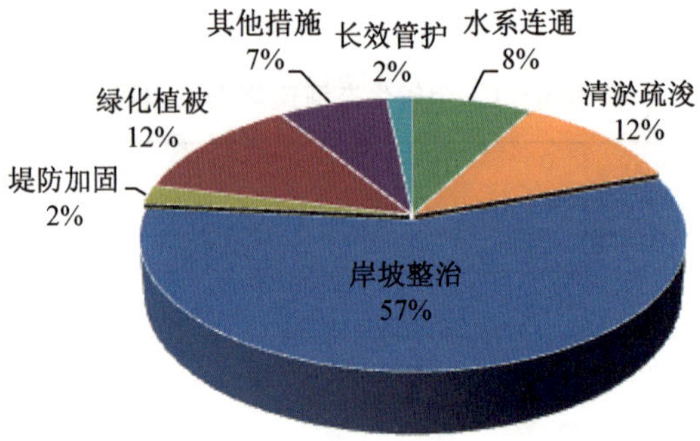

图 6-2　乡级生态河道投资分类图

规划总投资 265.84 亿元。其中:县级生态河道 87.23 亿元,水系连通工程投资 10.48 亿元,清淤疏浚工程投资 11.12 亿元,岸坡整治 40.68 亿元,堤防加固工程投资 7.28 亿元,绿化植被 11.44 亿元,长效管护 1.26 亿元,其他措施 4.97 亿元;乡级生态河道投资 178.61 亿元,水系连通工程投资 14.38 亿元,清淤疏浚工程投资 20.81 亿元,岸坡整治 101.22 亿元,堤防加固工程投资 4.08 亿元,绿化植被 22.13 亿元,长效管护 2.98 亿元,其他措施 13.01 亿元。

6.2　资金筹措

农村生态河道建设所需资金,主要由所在县负责筹集,可结合大中型灌区改造、农村水环境整治、高标准农田建设等专项资金予以统筹。省级财政安排专项资金实行以奖代补,各设区市也应加大财政帮扶力度。各地在加大投入的同时,需创新投融资机制，多渠道筹集资金，落实好相关金融支持政策，积极鼓励社会资本参与工程建设和管护。

6.3 实施计划

6.3.1 2021年实施计划

计划建设县级生态河道180条，新建连通通道长度5 km，配套建筑物244座，清淤疏浚长度1 158 km、清淤量2 851万m^3，新增生态护岸长度1 374 km，加固堤防长度172 km、土方量230万m^3，植树139万株，新增岸坡绿化面积998万m^2，新增污水处理设施70处，建设景观设施158处。投资21.58亿元。

计划建设乡级生态河道1 454条，新建连通通道长度130 km，配套建筑物969座，清淤疏浚长度4 244 km、清淤量5 381万m^3，新增生态护岸长度5 292 km，加固堤防长度281 km、土方量235万m^3，植树368万株，新增岸坡绿化面积2 527万m^2，新增污水处理设施346处，建设景观设施439处。投资45.72亿元。

6.3.2 2022年实施计划

计划建设县级生态河道173条，新建连通通道长度11 km，配套建筑物243座，清淤疏浚长度1 049 km、清淤量2 392万m^3，新增生态护岸长度1 357 km，加固堤防长度172 km、土方量206万m^3，植树133万株，新增岸坡绿化面积842万m^2，新增污水处理设施75处，建设景观设施168处。投资20.08亿元。

计划建设乡级生态河道1 349条，新建连通通道长度93 km，配套建筑物736座，清淤疏浚长度3 861 km、清淤量4 797万m^3，新增生态护岸长度4 838 km，加固堤防长度214 km、土方量230万m^3，植树315万株，新增岸坡绿化面积2 361万m^2，新增污水处理设施233处，建设景观设施332处。投资37.43亿元。

6.3.3 2023年实施计划

计划建设县级生态河道147条，新建连通通道长度16 km，配套建筑物212座，清淤疏浚长度1 080 km、清淤量2 485万m^3，新增生态护岸长度1 158 km，加固堤防长度134 km、土方量213万m^3，植树114万株，新增岸坡绿化面积710万m^2，新增污水处理设施 70 处，建设景观设施 113 处。投资 15.77 亿元。

计划建设乡级生态河道 1 337 条，新建连通通道长度 62 km，配套建筑物 730 座，清淤疏浚长度 3 818 km、清淤量 4 631 万 m^3，新增生态护岸长度 4 913 km，加固堤防长度 259 km、土方量 183 万 m^3，植树 314 万株，新增岸坡绿化面积 2 515 万 m^2，新增污水处理设施 225 处，建设景观设施 301 处。投资 33.41 亿元。

6.3.4 2024 年实施计划

计划建设县级生态河道 127 条，新建连通通道长度 2 km，配套建筑物 173 座，清淤疏浚长度 886 km、清淤量 2 444 万 m^3，新增生态护岸长度 1 035 km，加固堤防长度 131 km、土方量 132 万 m^3，植树 100 万株，新增岸坡绿化面积 719 万 m^2，新增污水处理设施 53 处，建设景观设施 66 处。投资 16.15 亿元。

计划建设乡级生态河道 1 246 条，新建连通通道长度 68 km，配套建筑物 610 座，清淤疏浚长度 3 708 km、清淤量 4 503 万 m^3，新增生态护岸长度 4 644 km，加固堤防长度 211 km、土方量 165 万 m^3，植树 304 万株，新增岸坡绿化面积 2 367 万 m^2，新增污水处理设施 211 处，建设景观设施 234 处。投资 32.10 亿元。

6.3.5 2025 年实施计划

计划建设县级生态河道 129 条，新建连通通道长度 5 km，配套建筑物 153 座，清淤疏浚长度 895 km、清淤量 1 761 万 m^3，新增生态护岸长度 1 298 km，加固堤防长度 199 km、土方量 250 万 m^3，植树 99 万株，新增岸坡绿化面积 703 万 m^2，新增污水处理设施 60 处，建设景观设施 101 处。投资 13.64 亿元。

计划建设乡级生态河道 1 211 条，新建连通通道长度 44 km，配套建筑物 469 座，清淤疏浚长度 3 470 km、清淤量 4 413 万 m^3，新增生态护岸长度 4 261 km，加固堤防长度 207 km、土方量 243 万 m^3，植树 291 万株，新增岸坡绿化面积 4 469 万 m^2，新增污水处理设施 196 处，建设景观设施 206 处。投资 29.94 亿元。

7

效益分析

7.1 效益分析

通过实施农村生态河道建设，不仅可以有效改善农田灌排条件，沟通水系，改善水质，更能有力改善农村水环境，改变农村面貌，提高人民生活质量和水平，促进农村经济社会发展，能够取得“疏浚一条河道，增加一片林地，复垦一片土地，美化一村环境”的综合效益。

7.1.1 经济效益

农村生态河道建设规划的实施，将极大改善农业生产和农村生活条件，显著提高农业综合生产能力和农民收入，为粮食安全、农村生态环境的改善和新农村建设提供更为有力的保障。通过本规划的实施，预计新增灌溉面积 62 万亩，改善灌溉面积1 325万亩，改善除涝面积 2 004 万亩，同时还将发挥供水、航运、养殖等多方面综合经济效益。

7.1.2 社会效益

农村生态河道建设还将有效提高农村公共基础设施保障水平，减少用水矛盾，改善农村面貌，提高群众生活质量，保障农村经济社会的稳定发展和人民正常的生活生产秩序，促进城乡统筹发展。同时，通过生态建设，将提高河道行洪保障能力，保障人民生命财产安全，使河道无水变有水，浅水变深水，死水成活水，河道水质提高，岸坡整洁，绿树成荫，可有效提高农村水资源承载能力，为地区创造良好的生活环境、旅游环境、投资环境，有效地促进该地区经济可持续发展。

7.1.3 生态效益

规划实施后，疏通河道、加固河堤、绿化美化河岸，将会进一步改善生态环境，涵养水源，植被盖度将得到大幅提高，防冲刷能力显著增强，起到了蓄水保土、净化水质的效果。生态平衡得到加强，绿色植被增加，对农业可持续发展具有重要意义，同时为观光产业、旅游业的发展提供了良好的条件；通过垃圾清理及美化环境等工程，引导村民减少污染物排放，对进一步改善生态环境，建设村容卫生、村民健康的新农村起到积极推动作用。

7.2 环境评价

根据本规划项目分析，农村生态河道建设对环境产生的影响主要是对生态环境、土壤环境(干旱、土壤盐碱化)的影响。

7.2.1 对生态环境的影响

通过河道综合整治，将清理河道水生植物，在做好河坡水土保持基础上，能够创造良好的河道水环境，有利于维系和保护生态环境向良性循环方向发展。

7.2.2 对土壤环境的影响

通过农村生态河道建设，将有效提高农田引、排、降能力，为土壤环境提供有利条件，能有效防止土壤次生盐碱化，加快盐碱土改良速度。将清淤和积肥结合，还可以有效提高土壤肥力。因此，生态河道建设有利于改善土壤环境，有利于农业生态环境向良性循环发展。

7.2.3 对环境的不利影响

不利影响主要来自土地压废、施工尾水、尾气和噪声。由于生态河道建设工作主要在农村，施工场地开阔，居住人口分散，且一般河道仅在日间施工，施工尾水排放、尾气排放和施工噪声对环境影响不大。土地压废问题可以通过河道疏浚土方筑圩、土地复垦、农田积肥相结合等办法，变废为宝，尽量减少河道土方产生的农田压废。

综上所述，农村生态河道建设能有效改善农村水环境、改善农田土壤生态环境，对农村生态环境将产生较积极影响，是可行的。

8 保障措施

8.1 组织领导

农村河道全面落实河长制，县（市、区）、乡镇（街道）设立农村河道总河长，农村河道分级分段设立河长。县级人民政府组织开展农村河道的划界工作，依法对本行政区域内的农村河道划定管护范围，并向社会公布。县级水行政主管部门按照防洪除涝、水资源配置和保护的总体安排，会同发展改革等部门编制县级农村河道管护规划，报本级人民政府批准后实施。农村河道管理单位加强河道的安全检查和维修养护，消除安全隐患，保障安全运行。加强堤防及其护堤的绿化工作，防治水土流失、美化河道环境。要积极培育农村河道维修养护市场，规范市场秩序，逐步实行河道管理和维修养护分离，提高河道管护效能。

8.2 资金投入

按照“政府主导、市场运作、社会参与、多元投入”的要求，积极发挥政府主体作用，加大各级财政投入，强化财政投入撬动作用，用足用好金融支持政策。县级人民政府应当将农村河道建设、管护中政府所承担的资金以及管理机构和人员经费纳入政府一般公共预算，省、市级应当建立农村河道资金补助机制。同时积极运用市场机制，充分利用河道的资源性特点，吸引社会资本投入，形成互为补充的良性投入机制。农村河道管护所需经费，由各级人民政府专项安排，省级财政对考核合格的县（市、区）实行“以奖代补”。经济条件较好的地区，以乡镇集体出资为主，省、市、县适当补助为辅。经济欠发达地区，采取省市县财政补助、水面滩面经营开发、村民门前三包、建立乡规民约等方式，落实管护经费和管护措施。同时引进市场化竞争机制，建立“河道管家”等更为专业的河道管理队伍，以保证河道管理工作全面落实展开。同时，通过资金的投入，可以引入更为高效的科技化手段，如无人机、巡查定位 App 等工具，做好日常巡查和监督管理工作，提升管理效率。河道保洁是河道管理工作中相对困难的一个环节，为了保证保洁工作及时到位，应加大保洁船只等保洁设备的引入，以机械代人力，提升河道保洁效果。

8.3 监督考核

要强化监督考核，制定农村生态河道建设工作考核办法，建立联合监督检查、考核评价和问责问效机制，并强化考核结果的运用。对已建成的农村生态河道，及时组织进行回头看，确保工程建设质量不打折，标准不降低。进一步建立完善农村生态河道监督考核体系，把农村生态河道建设纳入农村水利重点督促内容，建立定期通报和评估考核的工作制度。对工作不力、落实不到位的地区严格问责，并将考核结果作为省级安排奖补资金的重要依据。

8.4 群众参与

农村河道的公益性最为突出，贴近农民日常生产生活，要总结各地在推进农村生态河道建设中的成功经验，典型示范引导面上农村河道建设积极推进。要加强农村生态河道建设的宣传力度，加大对破坏河道行为的曝光力度，充分利用电视、网络、报纸、微信等媒介，引导社会各界积极参与农村生态河道治理，支持和鼓励村民委员会将农村河道管理和保护纳入村规民约，鼓励通过设置公益性岗位等多渠道吸纳当地村民从事日常管护，提供就业渠道，为促进农村河道事业发展建立乡村特色的管理模式。在群众中加强河道管理重要性的宣传工作，让群众可以切实感受到有效的河道管理给生活、生产所带来的积极影响。同时，可以引入社会志愿者、党员河长制等制度，充分发动、发挥人民群众的监督管理作用，帮助各级河道管理部门做好监督管理工作，使河道管理工作可以真正落到实处。

附件

典型设计

本规划选取铜山区郭集大沟、金坛区儒林中河、太仓市仗义泾、淮安区北渔滨河、洪泽区北和平沟、高邮市东大河 6 条河道作为典型设计，提出单位长度工程投资量，并据此初步估算全省农村生态河道建设总投资。

河道名称	河道级别	长度(km)	工程措施	总投资(万元)	单位长度投资(元/km)
铜山区郭集大沟	县级	4.2	疏浚＋生态混凝土网箱、植草砖生态混凝土护岸＋绿化植被＋景观设施	255	1 415
金坛区儒林中河	乡级	2.4	疏浚＋水系连通＋自嵌式挡土墙护岸＋岸坡护坡	1 101	4 589
太仓市仗义泾	乡级	2.6	疏浚＋木桩护岸＋绿化＋景观设施	762	2 930
淮安区北渔滨河	县级	19.2	疏浚＋生态混凝土护岸＋堤防加固＋绿化＋景观设施	4 370	2 276
洪泽区北和平沟	乡级	3.8	疏浚＋水系连通＋纯植物防护＋生态修复	480	1 262
高邮市东大河	乡级	2.9	疏浚＋直立挡墙护岸＋堤防加固＋水系连通	768	2 604

1　铜山区郭集大沟

1）基本情况

郭集大沟位于铜山区房村镇境内，发源于废黄河南岸下洪水库，流经房村镇向东南穿过徐淮公路，至小湾入安徽灵璧县境内，属县级河道。全长 4.2 km，流域面积 25.2 km^2，河道功能主要是排水。

2）建设内容

清淤疏浚工程：疏浚长度 4.2 km，疏浚土方 18.85 万 m^3；

岸坡整治：采用生态混凝土箱护岸 300 m、植草砖生态混凝土护岸 1 500 m；

绿化植被：新增岸坡绿化面积 1.26 万 m^2，植树 1 680 株；

景观设施：修建景观设施如水文化广场、沿河步道、河道栈桥、亲水踏步、景观亭及座椅等。

3）工程设计

（1）清淤疏浚工程

郭集大沟现状淤积长度 4.2 km，平均淤积深度 90.0 cm，规划设计河底高程

25.0 m,设计底宽 50 m,坡比 1∶2,平均断面疏浚土方 45 m^3/m。标准断面见图 6.1-1。

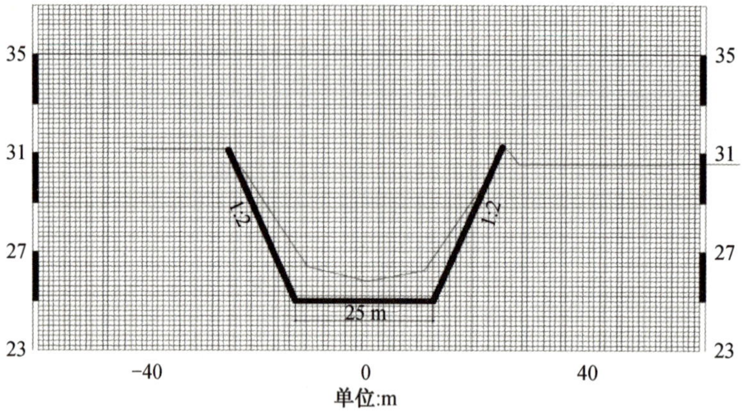

图 6.1-1　郭集大沟典型断面图

(2) 岸坡整治工程

① 生态混凝土箱护岸

郭集大沟马家村河段存在岸坡坍塌现象,本次规划采用生态混凝土箱护岸至河道常水位,常水位以上采用植物防护,治理长度 300 m。

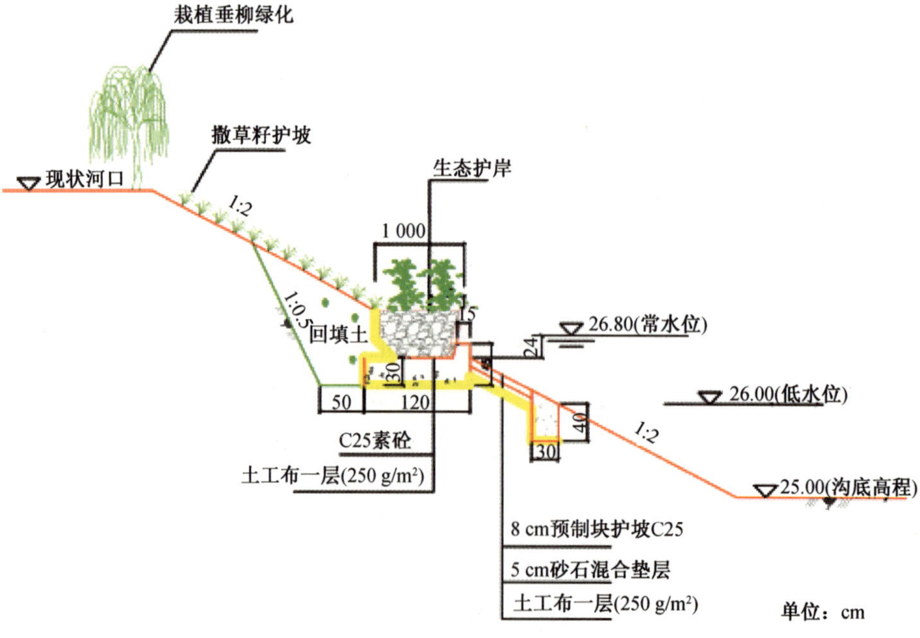

图 6.1-2　生态混凝土箱护岸典型设计图

预制阶梯式生态混凝土箱体单块尺寸 2 000 mm×1 000 mm×500 mm（长×宽×高）。护岸范围为常水位以下，阶梯式护坡以上至现状河口播草种绿化。常水位以下采用 1 阶箱体，箱体下部至低水位段采用预制混凝土护砌，结构为 8 cm 预制块护坡，下设 5 cm 厚砂石混合垫层、土工布 250 g/m^2 一层；格埂采用 C25 素混凝土结构，底格埂尺寸宽×高＝30 cm×40 cm。

② 植草砖生态混凝土护岸

部分河坡为土质边坡，无防护措施，本次规划在岸坡易坍塌段进行植草砖防护，长度共计 1 500 m。

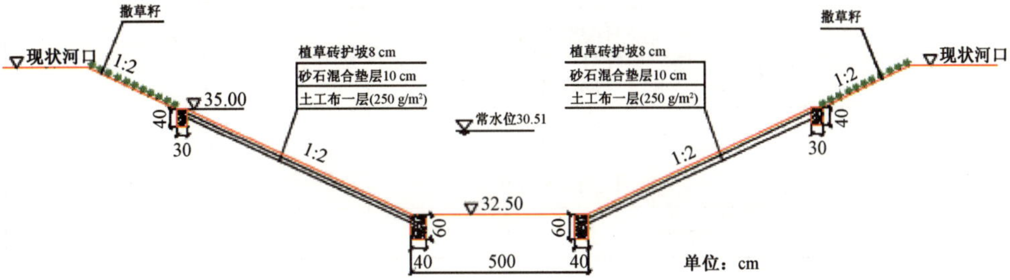

图 6.1-3　植草砖护岸典型设计图

植草砖生态护坡范围从河底至常水位以上 50 cm，坡比 1∶2.5，护砌以上至现状河口播草种护坡绿化。护砌结构为 8 cm 植草砖生态护坡，下设 10 cm 厚砂石混合垫层、土工布 250 g/m^2 一层；格埂采用 C25 素混凝土结构，底格埂尺寸宽×高＝40 cm×60 cm，顶格埂尺寸宽×高＝30 cm×40 cm。植草砖砖孔洞内填塞种植土和草籽。

（3）绿化植被工程

在河道疏浚的基础上，对镇区段进行绿化植被防护，新增岸坡绿化面积 1.26 万 m^2，植树 1 680 株。生态护岸常水位以上 100 cm 播种花卉香根草，香根草以上至现状河口种植草皮绿化，草皮上种植垂柳，河口两侧种植大叶女贞，株距 5 m。

（4）景观设施

规划水岸景观设施主要有亲水平台、汀步、临水步道、桥梁等。本次设计以亲水平台为主，其他景观设施作措施布局设计。

郭集大沟疏浚后在村庄段设亲水平台 1 座，亲水平台设计采用预制管桩基础，预制梁板平台，平台以上至河口采用草籽护坡；亲水平台沿河坡设踏步通道一处，踏步宽度 1 m，两侧设 C25 素混凝土格埂两道，格埂尺寸宽×高=30 cm×30 cm。

4）工程概算

郭集大沟工程概算总价为 254.7 万元，其中，清淤疏浚 75.6 万元，岸坡整治 105.0 万元，绿化植被 35.7 万元，景观设施 30 万元，河道长效管护 8.4 万元。

表 6.1-1　概算汇总表

序号	项目	概算(万元)
一	清淤疏浚	75.6
二	岸坡整治	105.0
三	绿化植被	35.7
四	景观设施	30
五	河道长效管护	8.4
合计		254.7

5）结论

徐州市铜山区郭集大沟整治总长 4.2 km，总投资 254.7 万元，每米投资约 606 元。

2　金坛区儒林中河

1）基本情况

儒林中河流经南社、儒林村，属乡级河道，全长 4.62 km，集水面积 8.38 km^2。现状河道底高程 3.2～2.6 m，底宽 3～8 m，主要功能是排除河道两岸地区涝水。

2）建设内容

清淤疏浚工程：疏浚长度 2.4 km，疏浚土方 4.0 万 m^3；

水系连通：新建儒林中河节制闸 1 座；

岸坡整治：儒林中河采用自嵌式挡土墙生态护岸型式，总长 4.0 km；

绿化植被：新增岸坡绿化面积 2.4 万 m^2，植树 1 200 株。

3）工程设计

(1) 清淤疏浚工程

儒林中河总体呈淤积状态，河势变化受自然界影响小，现状淤积深度约 1.1 m，河道疏浚底高程取 2.0 m，疏浚河道底宽本着保持河道弯曲、平顺的原则，以现有河道底宽为主依弯就弯，河面宽取 30 m，边坡结合生态护岸设置坡比取 1∶3.0，底宽 5 m。清淤标准断面如下图所示。

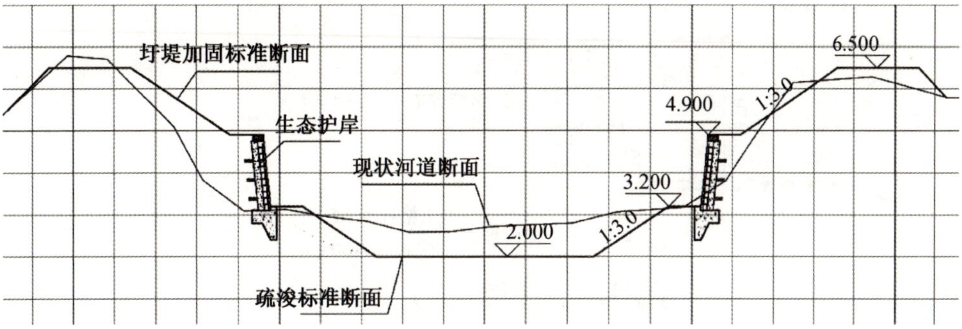

图 6.2-1　儒林中河清淤疏浚标准断面

儒林中河淤积深度在 0.6～1.2 m 之间，现场采用干法施工，疏浚长度 2.4 km，疏浚土方 4.0 万 m^3。具体清淤断面、疏浚工程量如下表所示。

表 6.2-1　清淤标准断面及工程量统计表

河道名称	整治河长(km)	规划断面				清淤长度(km)	疏浚土方(万 m^3)
		河底高程(m)	河面宽(m)	边坡比	底宽(m)		
儒林中河	2.4	2	30	1∶3	5	2.4	4.0

(2) 水系连通

选定连通线路，规划新建儒林中河节制闸 1 座。通过新建小型引排水配套设施配合河道开挖以及涵管沟通，改善不连通问题，解决断头浜现象，以盘活水系，满足城镇或农田排水、水环境建设的需要。

(3) 岸坡整治

自嵌式生态挡墙沿河道纵向布置，河道河底宽 5.0 m。自嵌式挡土墙断面尺寸为：顶高程 4.2 m，底板底高程 2.5 m，外墙采用淤泥烧结砌块砌筑，墙后采用加筋土设计，加筋带长度不小于 2.5 m，底板采用 C20 混凝土底板，厚 0.3 m，宽 1.9 m。具体断面尺寸如下图所示。

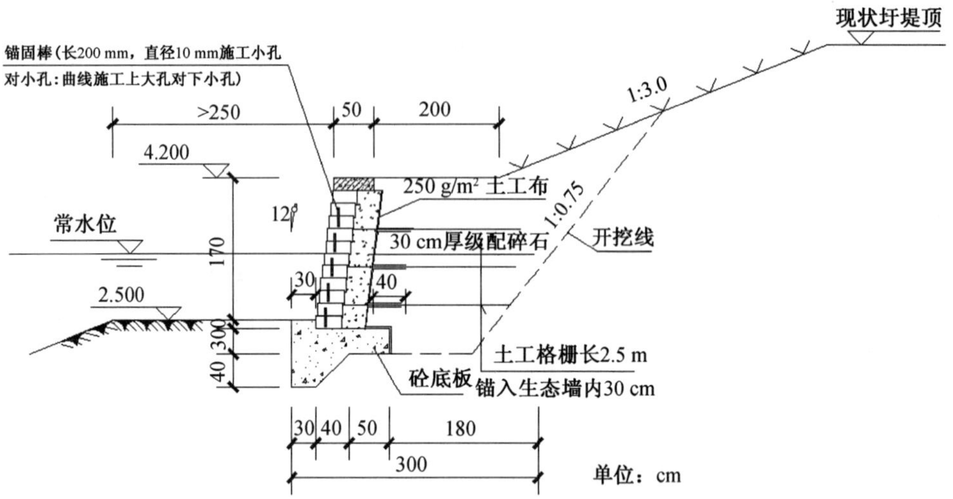

图 6.2-2　自嵌式挡土墙生态护岸断面图

(4) 绿化植被

新增岸坡绿化面积 2.4 万 m^2，植树 1 200 株。河道迎水面采用耐涝、耐旱的双穗雀稗，背水面播撒狗牙根草籽。河道固基平台上种植水杉、池杉等落叶乔木，起到美化环境、防风固基等作用，长成的乔木在险情出现的情况下可就地砍伐作木桩使用，本工程水杉、池杉胸径 3.1～5.0 cm，株距 2.5 m。图 6.2-3 为生态河道绿化植被断面示意图。

4) 工程概算

儒林中河工程概算总价为 1 101.39 万元，其中，清淤疏浚 80 万元，水系连通 360 万元，岸坡整治 600 万元，绿化植被 60 万元，河道长效管护 1.39 万元。

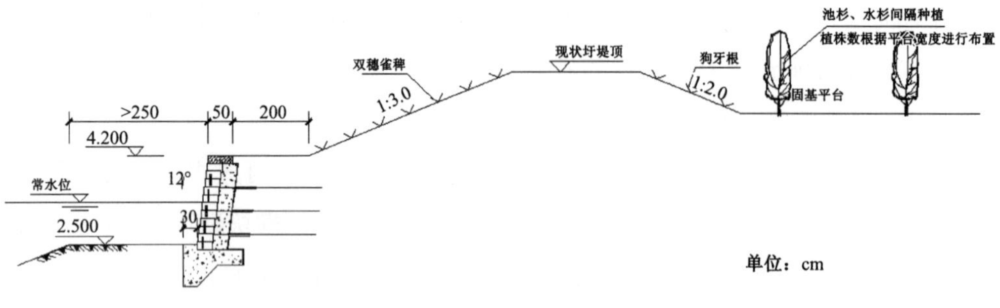

图 6.2-3　河道绿化植被断面图

表 6.2-2 概算汇总表

序号	项目	概算(万元)
一	清淤疏浚	80
二	水系连通	360
三	岸坡整治	600
四	绿化植被	60
五	河道长效管护	1.39
合计		1 101.39

5) 结论

常州市金坛区儒林中河整治总长 2.4 km,总投资 1 101.39 万元,每米投资 4 589元。

3 太仓市仗义泾

1) 基本情况

仗义泾位于城厢镇电站村,全长约 2.6 km。现状河道水面宽度约 19 m,河底高程 1.5 m 左右。河岸以自然土坡为主。河岸面高程大多在 4.1～4.4 m。仗义泾为乡级河道,具有防洪、排涝、引水、景观等功能。

2) 建设内容

清淤疏浚工程:疏浚长度 2.6 km,疏浚土方 2.39 万 m^3;

岸坡整治:采用木桩防护,总长 2.6 km;

绿化植被:新增岸坡绿化面积 2.4 万 m^2,植树 153 株。

景观设施:种植水生植物 2.4 km。

3) 工程设计

(1) 清淤疏浚工程

县乡级河道标准为河道最小底宽不小于 2 m,边坡不陡于 1∶2.5,底高程不高于−1.0 m。村级河塘疏浚以清除淤泥为主,同时疏浚规模考虑与上下游市级、镇级河道相衔接。清淤长度 2.27 km,清淤土方量 2.39 万 m^3。

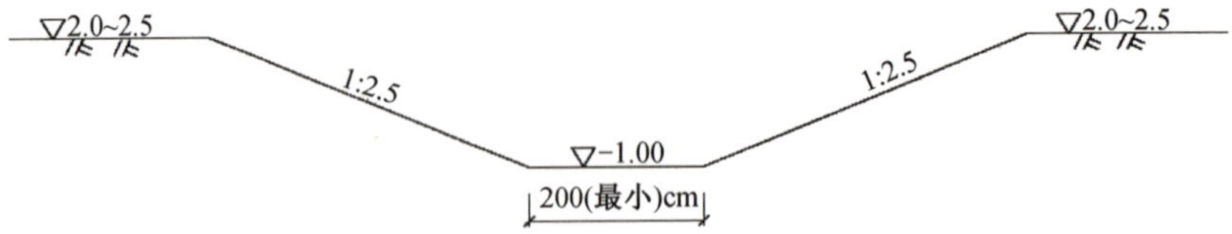

图 6.3-1　县乡河道标准断面

（2）岸坡整治

具体设计为：木桩护岸桩顶高程 1.40 m，桩长 2.0 m，桩身小头直径不小于 10 cm，材料为落叶松，桩后配 60 cm 高土工布。木桩前设 80 cm 宽平台，高程 1.0 m；桩后设 60 cm 宽平台，高程 1.4 m。木桩前平台种植水生植物，后设草皮护坡。

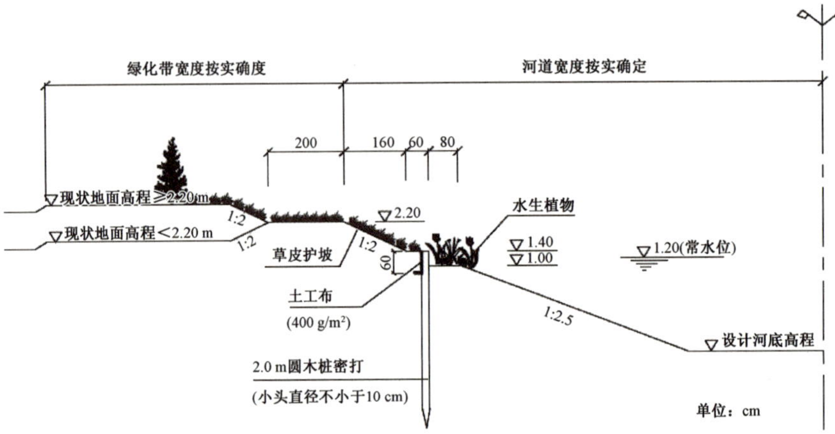

图 6.3-2　木桩护岸防护断面图

（3）绿化植被

仗义泾河道两侧岸坡绿化宽度各为 10 m，沟塘两侧绿化各为 5～10 m，原有绿化保留，璜泾河绿化长度 3.59 km，绿化面积 2.4 万 m^2，具体布置位置详见下表。

表 6.3-1　仗义泾岸坡绿化工程位置布置统计表

河道名称	位置（桩号）	绿化长度（km）	绿化面积（万 m^2）
仗义泾	左 K0＋381—K1＋760	1.38	1.38
	右 K0＋920—K1＋580	1.38	0.69
	左 K2＋343—K2＋758	0.415	0.165
	右 K0＋920—K1＋580	0.415	0.165
合计		3.59	2.4

(4) 景观设施

一般河段搭配种植菖蒲、海寿花、再力花等，对于生态、景观效果要求较高的河段可以搭配种植鸢尾、睡莲、芦竹等。

仗义泾共计种植 2.4 km 水生植物，具体布置位置见下表。

表 6.3-2　仗义泾水生植物工程位置布置统计表

河道名称	位置(桩号)	水生植物长度(km)
仗义泾	左 K0+381—K1+580	1.2
	右 K0+920—K1+580	1.2
合计		2.4

4) 工程概算

仗义泾工程概算总价为 761.8 万元，其中，清淤疏浚 20 万元，岸坡整治 676 万元，绿化植被 60 万元，其他措施 5 万元，长效管护 0.8 万元。

表 6.3-3　概算汇总表

序号	项目	概算(万元)
一	清淤疏浚	20
二	岸坡整治	676
三	绿化植被	60
四	其他措施	5
五	长效管护	0.8
合计		761.8

5) 结论

太仓市仗义泾整治总长 2.6 km，总投资 761.8 万元，每米投资 2 930 元。

4　淮安区北渔滨河

1) 基本情况

北渔滨河自席桥镇一站引河东堤边起，途径苏嘴镇，止于顺河镇入海道边，属县级河道。河道全长 19.2 km，集水面积 52 km^2，设计排涝能力 79 m^3/s，配套建筑物 25 座，是渠北主要排水河道。

2）建设内容

清淤疏浚工程：疏浚长度 5.4 km，疏浚土方 8.9 万 m^3；

岸坡整治：采用生态混凝土防护 10.6 km、植物措施防护 8.6 km；

堤防加固：加固长度 2 km，土方量 40.32 万 m^3；

绿化植被：新增岸坡绿化面积 2.3 万 m^2，植树 9 600 株；

景观设施：修建景观设施如水文化广场、沿河步道、河道栈桥、亲水踏步、景观亭及座椅等。

3）工程设计

（1）清淤疏浚工程

北渔滨河河道现状淤积长度约 5.4 km，平均淤积深度约 1.2 m，现状河道为梯形断面，现状河坡坡比为 1∶1.5，河口较宽，本次疏浚规划基本维持现状河底线和现状坡比进行疏浚，设计仍采用梯形断面。水利计算要素见表 6.4-1。

表 6.4-1　北渔滨河渠道水力计算要素表

渠道名称	设计水位（m）	设计底高（m）	水深 h（m）	设计底宽 b（m）	边坡系数	过流面积 $A(m^2)$	比降 i
北渔滨河	6	3.0	3.0	15.0	1.5	58.5	0.0001
糙率 n	χ(m)	R(m)	C	实际 Q（m^3/s）	流速 v（m/s）	不冲流速（m/s）	不淤流速（m/s）
0.025	25.817	2.266	45.843	40.369	0.690	0.7	0.3～0.4

结合本区域实际排水需要，确定北渔滨河规划断面尺寸为：河底高程 4.2～2.2 m，河面宽 20.0～25.0 m，边坡比 1∶1.5，底宽 10.0～20.0 m。疏浚典型断面图见图 6.4-1。

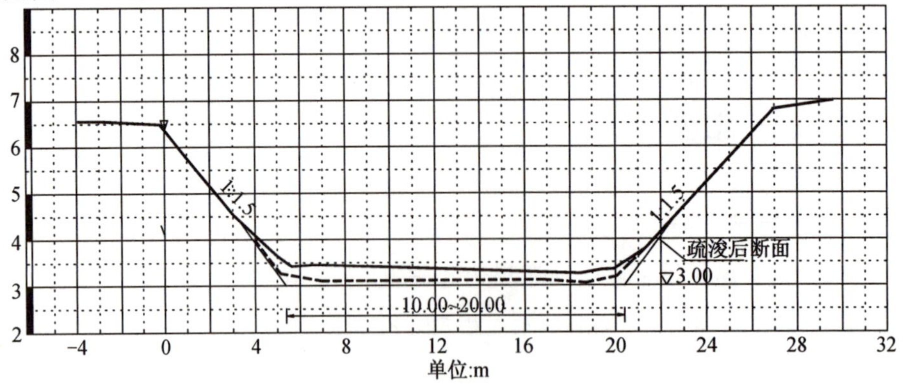

图 6.4-1　北渔滨河疏浚典型断面图

根据河道的规划设计断面估算，北渔滨河疏浚土方 8.9 万 m^3。

(2) 岸坡整治

北渔滨河总长度 19.2 km，本次规划拟针对北渔滨河不同区段分段进行岸坡整治，分段详见图 6.4-2。

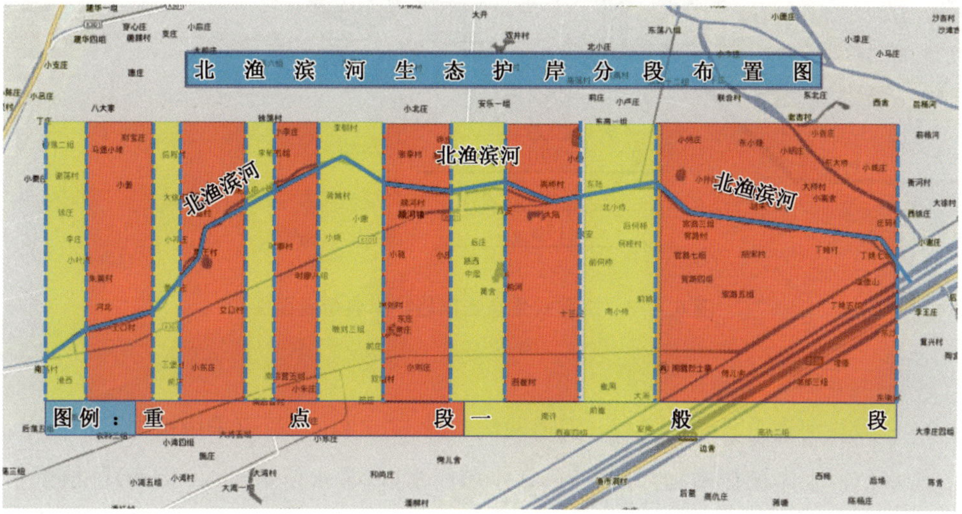

图 6.4-2 北渔滨河生态护岸分段布置图

① 重点段

重点段河道长约 10.6 km(河道两侧合计 21.2 km)，沿线人口较为密集，景观需求较高，河道采用抗震式生态连锁墙护岸，根据实际地形情况，生态护岸由基础、挡墙及盖顶三部分组成，其中挡墙由三层预制抗震式生态连锁墙砌块堆砌而成。挡墙基础为 T 形结构，宽 1.7 m，高 0.6 m，T 形上部与下部高各 0.3 m，长1.2 m或 1.7 m，下设 10 cm 厚 C30 素混凝土垫层；挡墙砌块规格型号为 1.2 m×1.2 m×0.6 m(长×宽×高)，盖顶为 L 形结构，宽 0.4 m，高分别为 0.15 m、0.2 m，长 1.2 m 或 1.7 m，砌块纵向之间采用直径 16 mm 镀锌通长螺栓连接，混凝土净保护层厚度 5.0 cm，基础、挡墙砌块及盖顶的混凝土强度等级均为 C30。护岸典型设计断面见图6.4-3。

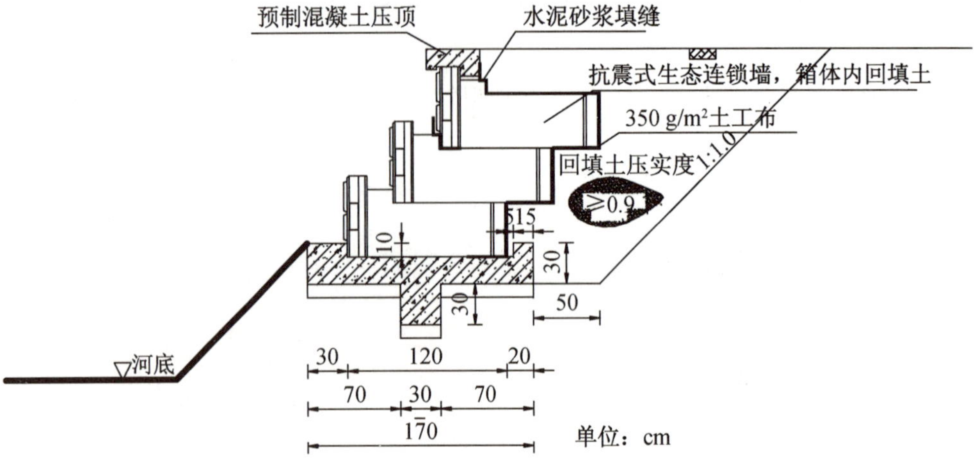

图 6.4-3　抗震式生态连锁墙护岸典型断面图

② 一般段

一般段河道总长约 8.6 km(河道两侧共计 17.2 km),河道采用植物防护护岸。在常水位以上岸坡撒播狗牙根草籽;在水域浅水区(常水位水深≤0.5 m)种植挺水植物和浮叶植物,种植品种主要有香蒲、芦苇、慈姑、水葱、灯芯草、美人蕉、荷花、睡莲等。

北渔滨河岸坡整治工程量见表 6.4-2。

表 6.4-2　县级河道岸坡整治工程量表

<table>
<tr><th>河道名称</th><th>防护护岸</th><th colspan="2">护岸型式及长度(km)</th><th>新增生态护岸长度(km)</th><th>新增建筑物(座)</th></tr>
<tr><td rowspan="2">北渔滨河</td><td>生态混凝土防护</td><td>抗震式生态连锁墙护岸</td><td>10.6</td><td rowspan="2">19.2</td><td rowspan="2">4</td></tr>
<tr><td>植物措施防护</td><td>草籽,挺水、浮叶植物</td><td>8.6</td></tr>
</table>

(3) 堤防加固

规划对北渔滨河长 2.0 km 河段进行堤防加固,土方量 40.32 万 m^3。根据实际地形情况,现状堤顶高程 6.5～7.5 m,工程范围内,复堤至 7.5～8.5 m 高程,近水侧坡比采用现状河坡坡比 1∶1.5,设计堤顶宽度为 5 m,复堤背水面坡比采用 1∶2,背水侧下限高程平滩面,高程在 5.0～6.0 m 之间。在原始堤防的基础上人工清基开挖 20 cm 厚表层土。堤防加固典型设计断面见图 6.4-4。

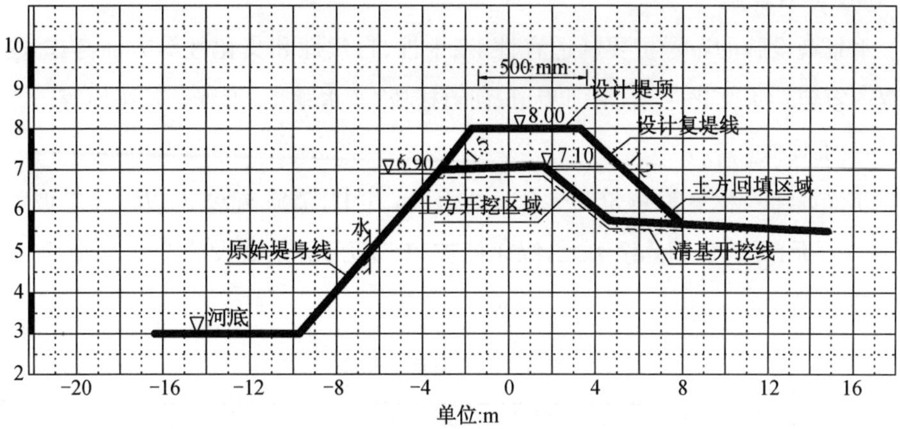

图 6.4-4　北渔滨河堤防加固典型设计断面图

本次规划堤防加固均沿现状堤身内堤肩向背水侧加固，纵轴线与原堤身纵轴线平行，迎水面坡比同原坡比。复堤标准为：堤顶高程及宽度应在不低于设计标准基础上结合现状施工（原则上不削堤）确定，堤身土质为黏，压实度不小于 0.91。

（4）绿化植被

北渔滨河现状河道沿线主要为野生杂草。本次规划拟针对团结河不同区段，分段进行绿化植被设计。

北渔滨河重点段总长约 10.6 km，沿线人口较为密集，景观需求较高。在河道两岸缓冲带林地布置乔、灌、草，以乡土树种为主，在水域浅水区（常水位水深≤0.5 m）种植挺水植物和浮叶植物。规划拟定北渔滨河新增岸坡绿化面积 1.38 万 m^2，植树 5 760 株。绿化项目包括：在河道两岸栽植乔木——女贞 1 152 株、垂柳 1 152 株、合欢 1 152 株、白玉兰 1 152 株、金桂 1 152 株等；在岸坡栽植挺水、浮叶植物——香蒲 0.8 万丛、水葱 0.8 万丛、芦苇 0.8 万丛、荷花 0.4 万丛、睡莲 0.4 万丛；撒播狗牙根草籽 1.38 万 m^2。

北渔滨河一般段总长约 8.6 km，沿线人口较少，景观需求较低。绿化植被配置以乔木为主，不进行人工布置挺水、漂浮、浮叶、沉水植物。规划拟定北渔滨河一般段新增岸坡绿化面积 0.92 万 m^2，植树 3 840 株。绿化项目包括：在河道两岸栽植乔木——女贞 960 株、垂柳 960 株、红叶石楠 960 株、榉树 960 株等；撒播狗牙根草籽 0.92 万 m^2。

(5) 景观设施

水景观设施的布置主要从适宜性、亲水性、自然性和文化性等方面考虑，主要工程内容包括水文化广场、沿河步道、河道栈桥、亲水踏步、景观亭及座椅等。

4) 工程概算

北渔滨河工程概算总价为 4 369.9 万元，其中，清淤疏浚 89 万元，岸坡整治 3 461.2万元，堤防加固 537 万元，绿化植被 79.3 万元，景观设施 200 万元，河道长效管护 3.4 万元。

表 6.4-3 概算汇总表

序号	项目	概算(万元)
一	清淤疏浚	89
二	岸坡整治	3 461.2
三	堤防加固	537
四	绿化植被	79.3
五	景观设施	200
六	河道长效管护	3.4
合计		4 369.9

5) 结论

淮安区北渔滨河整治总长 19.2 km，总投资 4 369.9 万元，每米投资约 2 276元。

5 洪泽区北和平沟

1) 基本情况

北和平沟位于洪泽区高良涧镇，属乡级河道，全长 4.6 km，现状集水面积 3.8 km^3，过流能力 5.98 m^3/s，河道底高程 6.45～8.35 m，底宽 2.1～6.5 m，地面高程 9.1～11.2 m，边坡 1～2。河道断面过水能力不足，拟进行清淤疏浚并结合现状建设生态景观护岸。

2) 主要建设内容

清淤疏浚：疏浚长度 4.6 km，疏浚土方 2.56 万 m^3；

交叉建筑物工程：拆建涵闸 2 座；

岸坡整治工程：生态混凝土护坡 0.6 km、纯植物防护 4 km；

生态修复及景观工程：在靠近集镇、村庄及交通枢纽河段植树 1 km。

3）工程设计

（1）清淤疏浚工程

根据地形，河道河底比降均采用 1/5 000 进行设计，边坡系数为 1.5，疏浚糙率取 0.025，边坡护砌糙率取 0.02。干法施工，疏浚长度 4.6 km、土方 2.56 万 m^3。标准断面见下图。

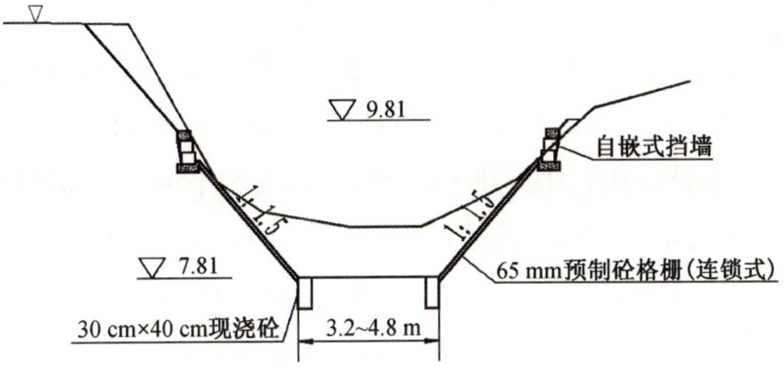

图 6.5-1　清淤疏浚标准断面

表 6.5-1　疏浚设计断面参数表

桩号	设计流量 (m^3/s)	水深 (m)	设计底宽 (m)	边坡系数	糙率	流速 (m/s)
0+000—2+127	7.94	2.0	3.0	1.5	0.02	0.66
2+127—4+600	15.88	2.5	4.0	1.5	0.02	0.82

（2）岸坡整治工程

河道规划防护范围内有 0.6 km 采用水下透水混凝土＋水上预制块护坡的生态混凝土护坡结构型式，此外有 4 km 采用纯植物防护。

生态混凝土护坡具体做法：河底以上 1.5～2.0 m 水深范围内采用生态透水混凝土护坡，生态透水混凝土护坡顶至河口线之间采用混凝土格栅护坡。具体断面详见图 6.5-2。

（3）生态修复及景观工程

根据当地人民群众的需求，对整治河道进行生态修复，在有条件的河岸适当设

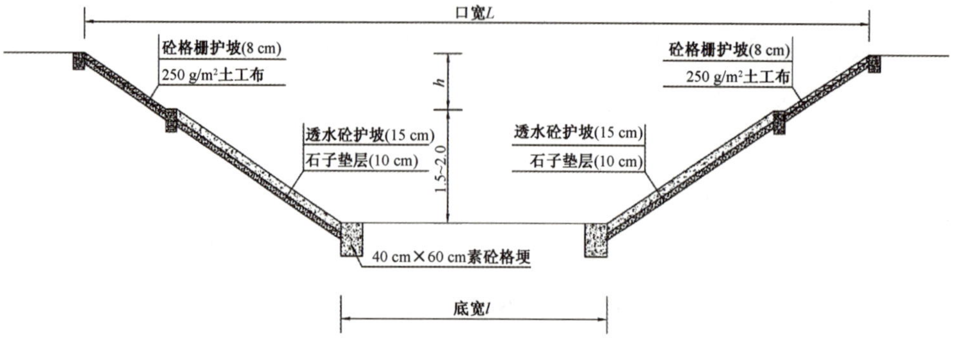

图 6.5-2　生态混凝土典型断面图

置生态景观示范点，着重体现生态性、亲水性。拟采取以下措施：河道应用预制混凝土格栅、纯植物护坡等型式相结合，平整河岸上的土方，清理垃圾，废弃瓦房，在靠近集镇、村庄及交通枢纽河段(北和平沟 1 km，北和平沟及三邱沟均为0.8 km，北京路边沟南北两侧约 6 km，范围共 17 200 m^2)采用海桐、龙柏，满铺百慕大草皮。为了使河道治理和景观水文化建设相结合，体现当地水文化特色，北和平沟与北京路边沟交叉地带约 100 m 范围共 800 m^2 设置为景观示范点。行道树采用香樟和紫玉兰，小乔木采用垂丝海棠、红枫，灌木采用大叶黄杨、金森女贞、红叶石楠等，满铺百慕大草皮。

(4) 交叉建筑物工程

拆建北和平沟 1 桥、北和平沟 2 桥，如表 6.5-2 所示。

表 6.5-2　交叉建筑物工程详细一览表

序号	位置图编号	建筑物名称	所在河道	建设性质	建设缘由	规模
1	G001	北和平沟 1 桥	北和平沟	拆建	损坏	6 m×5 m(净)
2	G002	北和平沟 2 桥	北和平沟	拆建	损坏	6 m×5 m(净)

4) 工程概算

北和平沟工程概算总价为 479.45 万元，其中：清淤疏浚工程 58.24 万元，水系沟通工程 13.18 万元，岸坡整治工程 331.33 万元，生态修复及景观工程 51.97 万元，交叉建筑物工程 24.73 万元。

表 6.5-3　工程概算汇总表

序号	项目	概算(万元)
一	清淤疏浚工程	58.24
1	陆上施工土方	56.43
2	清障工程	1.81
二	水系沟通工程	13.18
1	北和平沟涵(ϕ100×6)	2.31
2	北和平沟管道(ϕ60×80)	10.87
三	岸坡整治工程	331.33
四	生态修复及景观工程	51.97
五	交叉建筑物工程	24.73
1	生产桥[6×5(净),2 座]	24.73
六	合　计	479.45

5）结论

洪泽区北和平沟整治总长 3.8 km，总投资 479.44 万元，每米投资 1 262 元。

6　高邮市东大河

1）基本情况

东大河途径周山镇镇区，为乡级河道，属圩外河道，西起光荣河，东至范家大沟，全长 6.2 km。

表 6.6-1　东大河河道现状

河道名称	级别	长度(km)	汇水面积(km^2)	底高程(m)	底宽(m)	边坡
东大河	乡级	6.20	12.16	−0.5～0.7	2～4	1∶2～1∶3

2）工程设计

（1）清淤疏浚工程

清淤疏浚主要采用水力冲挖填塘方法。主要环节包括围堰、选择废弃的河塘或低洼田块、输浆管敷设、水力冲挖土方填塘、拆除围堰等。断面拓展部分采用挖掘机开挖施工。疏浚标准见表 6.6-2，土方量 4.43 万 m^3。

表 6.6-2　河道规划整治标准

河道名称	底高程(m)	底宽(m)	边坡	长度(km)	排涝流量(m^3/s)
东大河	−1.0	4	1∶2	6.20	12.77

（2）岸坡整治工程

结合周山镇区水环境，在镇区段河道两岸建设 1 670 m 生态混凝土挡土墙，在东大河支河两岸（南北向）新建 1 280 m 生态混凝土挡土墙，以适应集镇景观建设的需要。东大河（含支河）护岸均采用重力式直立挡墙结构，结合景观需要，常水位以下采用 C20 混凝土现浇，设计挡墙底板顶面高程 0.30 m，底板厚 30 cm，宽 1.5 m，混凝土墙顶高程 1.20 m；高程 1.20 m 以上采用 M10 水泥砂浆砌筑 C20 混凝土预制空心砖，单砖厚 20 cm，共 60 cm，直墙顶设 C25 钢筋混凝土盖顶厚 20 cm，直墙顶高程2.0 m，并安装 C25 钢筋混凝土预制栏杆。为增加抗滑能力，底板设后齿坎，齿坎高 20 cm，宽 40 cm。挡墙每隔 15 m 分缝一道，缝宽 2 cm，内填聚乙烯泡沫板及水膨胀止水带。墙顶布设 1.0 m 高的钢筋混凝土栏杆，栏杆柱间距 2.0 m，埋深 0.2 m。设计断面图见图 6.6-1。

挡土墙以上岸坡结合村镇环境建设，采用景观绿化树木配以地表植被，形成高低搭配的水土保持立体防护模式。挡土墙高程 2.0 m 以上坡面采用人工铺植狗牙根草皮，岸坡以 10.0 m 为株距种植红叶李、紫薇和红叶石楠球等胸径 4～5 cm 灌木，岸坡底部种植金丝垂柳，坡顶种植香樟，株距 5.0 m。水边栽植挺水植物，起到净化水质作用。

（3）堤防加固工程

本次加固的堤防均利用现有堤防，在不达标的基础上进行加固，堤线布置做到平顺，岸坡做到稳定。加固后的东大河顶高程为 4.5 m，顶宽 4 m，加固长度 5.5 km，加固工程量 4.61 万 m^3。

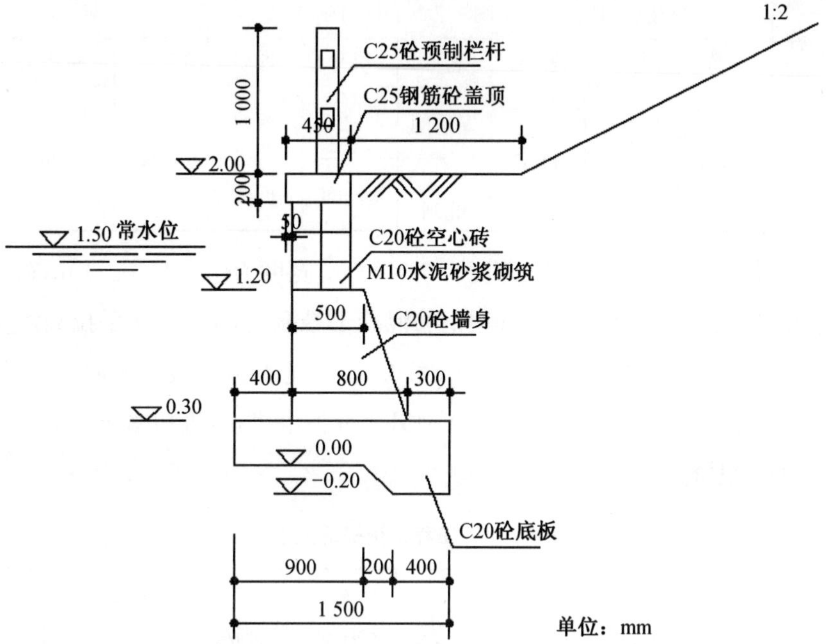

图 6.6-1　东大河生态混凝土挡墙断面图

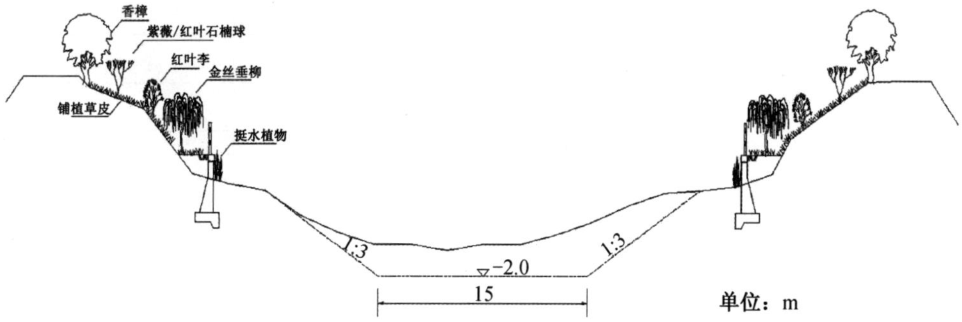

图 6.6-2　护岸段植被护坡措施示意图

(4) 交叉建筑物工程

表 6.6-3　交叉建筑物统计表

河道名称	桥梁(农桥)			圩口闸			泵　站		
	名称	桩号	性质	名称	桩号	性质	名称	桩号	性质
东大河	心爱桥	3+650	拆建	安乐闸	4+230	拆建	志光泵站	2+640	拆建
				大庙北闸	4+960	拆建			

心爱桥采用简支梁板结构,跨度为(3×6) m,宽度为(4+2×0.5) m,荷载等级为公路Ⅱ级。安乐闸、大庙北闸选用钢筋混凝土悬搁门,采用 5 t 手拉葫芦进行闸门启闭。闸门底板高程−0.5 m,单孔,宽 3.0 m。志光泵站设计流量 2.0 m^3/s,选用 700ZLB-160 轴流泵 1 台套,配套 Y315L2-8 型电机,装机功率 55 kW。

3) 工程投资

表 6.6-4　工程投资概算汇总表

序号	项目	概算(万元)	其中(万元)			
			建筑工程费	安装工程费	设备费	独立费用
一	建筑工程	615.11	615.11			
1	土石方工程	183.22	183.22			
2	生态混凝土护坡工程	336.68	336.68			
3	防护工程	13.52	13.52			
4	交叉建筑物	81.69				
二	机电安装费	14.45		14.45		
三	临时工程	45.87	45.87			
四	独立费用	56.30				56.30
五	预备费	36.59				
六	合计	768.32				

4) 结论

东大河整治总长 6.2 km,总投资 768.32 万元,每米投资 2 604 元。

后记

本书共有 9 个章节，具体编写分工为：全书的体例结构及统稿工作由叶健负责；前言、综合说明、第 1 章由沈建强负责编写；第 2 章由周水生、高见负责编写；第 3 章由高见、周水生负责编写；第 4 章由周水生、蒋伟负责编写；第 5 章由周水生、翟林鹏负责编写；第 6 章由高见、张健负责编写；第 7 章由高见、陈于负责编写；第 8 章由仇荣、高见负责编写；典型设计由高见、陈于、彭亚敏、王洁负责编写。相关市县水利部门及设计单位参与了编写工作。